U0387147

国家科学技术学术著作出版基金资助出版

复合铁酸钙高温物理化学

吕学伟　著

科学出版社

北　京

内容简介

本书系统介绍了复合铁酸钙的生成和结构演变规律,明确了体系的高温物理化学性质;针对烧结工艺中的同化现象,阐明了各成分在铁酸钙中的溶解度,从固液界面化学反应的角度分析了脉石与铁酸钙的润湿行为对同化过程的影响。钢铁行业目前面临"双碳"目标任务,为实现未来无碳烧结技术,本书还对超声波下铁酸钙的生成与结晶行为进行了讨论,并结合生产实际,分析和讨论了烧结工艺优化控制的因素与方向。

本书可供研究铁矿石烧结技术的研究人员参考,也可供相关专业高年级本科生、研究生参阅。

图书在版编目(CIP)数据

复合铁酸钙高温物理化学 / 吕学伟著. —北京:科学出版社,2024.1
(2025.3 重印)
ISBN 978-7-03-071663-7

Ⅰ.①复… Ⅱ.①吕… Ⅲ.①铁矿物-烧结-高温物理学-高温化学
Ⅳ.①TF521②TF046.4

中国版本图书馆CIP 数据核字(2022)第 033941 号

责任编辑:孟 锐 / 责任校对:彭 映
责任印制:罗 科 / 封面设计:墨创文化

科学出版社 出版
北京东黄城根北街16 号
邮政编码:100717
http://www.sciencep.com

四川青于蓝文化传播有限责任公司印刷
科学出版社发行 各地新华书店经销

*

2024 年 1 月第 一 版 开本:787×1092 1/16
2025 年 3 月第二次印刷 印张:11 3/4
字数:279 000
定价:148.00 元
(如有印装质量问题,我社负责调换)

序

　　烧结工艺因为原料适应性强、生产规模大等优点在我国铁矿造块制备炼铁炉料生产中占据支配地位。即使在经济高度发达的欧美国家,烧结至今仍然是不可完全替代的造块工艺。除中国外,当今世界其他主要产钢国日本、韩国等也采用烧结作为主要的造块工艺。近年来,随着铁矿石质量逐年下降,铁矿石烧结工艺也面临新的挑战,传统基于铁酸钙黏结的烧结理论需要进一步拓展和完善,亟待开发复杂低品位矿石烧结新技术。系统认识和深入理解复合铁酸钙的生成和演变规律,掌握其结构特点和高温物理化学性质,对于完善低品位铁矿石烧结理论和新技术开发具有重要意义。

　　本书共分为 9 章,绪论部分介绍了烧结工艺的发展历史;烧结矿物相组成与相图部分总结了烧结物相结构和物理化学性质,精选了最新的优化相图,方便科研工作者查阅;复合铁酸钙形成过程与影响因素部分系统地总结了复合铁酸钙的形成路径、热力学与动力学;固相反应与熔体结晶行为部分阐明了化学成分和热制度对反应的影响规律;复合铁酸钙性质部分详细归纳了熔体的高温黏度、密度、表面张力和电导率等性质;复合铁酸钙冶金性能部分全面细致地对比了各系列物相还原热力学和动力学的差异,开发了适用于粉体还原的数学模型;烧结过程的液固溶解过程及影响因素部分对比了脉石在铁酸钙熔体中溶解的动力学行为和界面结构;烧结过程界面现象与微观结构部分阐述了铁酸钙熔体在脉石上的铺展行为以及固液界面微观结构与物相演变规律,为深入理解烧结同化过程提供了直观和系统的证据;超声波下铁酸钙生成行为及冶金性能部分报道了超声波施加对于加速铁酸钙生成、固液同化和细化铁酸钙晶粒的效果与机理;最后章节从铁酸钙高温物理化学角度对生产中遇到的问题和相关经验进行了分析与讨论。

　　本书紧扣复合铁酸钙主线,把握高温物理化学主题,把近十年的研究成果和领域发展的成果紧密结合,系统归纳,完整地呈现出复合铁酸钙从固相反应、液相产生、固液同化及液相结晶的全过程,阐明了各组元对过程的影响规律。该书的出版对于完善复合铁酸钙烧结理论,指导复杂难处理铁矿烧结技术的研发,促进行业技术进步和高质量发展具有重要的推动作用。

　　作者吕学伟教授早在 2006 年读研究生就开始烧结成矿和矿相学方面的研究,第一次面对面交流还是在美国旧金山一块参加 TMS 年会,后来在国内外的各种学术会议上交流逐渐频繁。学伟教授冶金物理化学基础扎实,思维活跃,善于思考,创新能力强,科学研究中也善于总结归纳科学问题。工作至今,他始终坚守这个方向,能在烧结这个传统方向上提出一些新思路,做出创新成果十分难得。在"双碳"背景下我国钢铁行业正面临转型升级和绿色发展的新任务,希望他继续努力,为行业发展做出新的贡献。

中国工程院院士　2023.6.27

前　言

　　铁矿石烧结是一种重要的人工造块工艺，起源于硫化矿的氧化焙烧工艺，发展于现代高炉炼铁技术推广之后。选矿技术的发展也为烧结工艺的进步起到了推动作用。烧结工艺的核心问题是低熔点液相的产生，低熔点物相体系先后经历了铁橄榄石相、钙铁橄榄石相和铁酸钙相，烧结的温度也逐渐从 1400℃以上降低到 1300℃以下。复合铁酸钙强度高、还原性好、液相线温度低，是目前已知的综合冶金性能最好的液相体系。从 20 世纪 80 年代开始，日本、澳大利亚的学者开始系统研究复合铁酸钙的生成、结构和性能，极大推动了复合铁酸钙烧结理论的建立。进入 21 世纪后，中国钢铁产量飞速增长，客观上带动了全球铁矿石贸易和消耗。经过 20 余年高速发展，全球范围内优质铁矿石逐渐减少，矿石品位降低，劣质化趋势开始显现。传统针对高品位铁矿石的烧结技术面临诸多挑战。例如，矿石中脉石成分含量升高，高硅低铝型铁矿石烧结中液相充足，烧结矿强度高；高铝型铁矿液相不足，烧结矿强度差，烧结成品率低。从相图上看，复合铁酸钙的成分点逐渐向高铝高硅区域发展。因此，为了发展低品位铁矿石烧结技术，首先需要系统掌握复合铁酸钙的生成和结构演变规律，明确体系的高温物理化学性质；针对烧结工艺中的同化现象，需要阐明各成分在铁酸钙中的溶解度，从固液界面化学反应的角度看，脉石与铁酸钙的润湿行为对同化过程有决定性的影响。钢铁行业目前面临"双碳"目标任务，为实现未来无碳烧结技术，本书还对超声波下铁酸钙的生成与结晶行为进行了讨论。最后结合生产中的实际情况，分析和讨论了烧结工艺优化控制的因素与方向。

　　感谢国家自然科学基金委员会的项目资助(51104192 和 51522403)和重庆市科技计划项目、杰出青年基金项目资助(CSTC2014KJRC-QNRC90001 和 CSTC2019JCYJJQX0024)；感谢中国宝武宝钢股份有限公司、攀钢集团等企业的经费资助。感谢中南大学姜涛院士等国内烧结领域专家提出的宝贵指导意见，感谢重庆大学白晨光教授给予的教导与帮助。感谢我的研究生黄小波、丁成义、魏瑞瑞、杨明睿、李刚等 5 名博士，尹嘉清、喻彬、向升林、唐凯、汪金生、吴珊珊、周炫庚、刘重慈等 8 名硕士，他们在烧结领域的研究工作为本书提供了素材，也为本书的出版做了相关协助工作。

　　由于笔者水平所限，文中的观点难免存在偏颇之处，从初稿到出版经历 2 年时间，虽然多次认真修改完善，仍可能存在疏漏。敬请各位同行和专家不吝赐教和斧正。

目　　录

第1章 绪　论

1.1　铁矿石烧结工艺发展历史

自 19 世纪末开始，钢铁企业就考虑如何将粒度细小的粉状料通过造块的方式达到高炉炼铁对原料粒度和强度的要求。这些粉状料在当时主要包括含铁废料、粉尘、烟道灰、硫酸渣等工业过程废料和副产品[1]。文献中关于钢铁生产涉及铁矿粉造块的描述出现于早期加泰罗尼亚地区(Catalunya)和科西嘉地区(Corsica)的冶炼炉。第二次世界大战期间，人工造块技术得到了快速发展，其主要原因是铁矿石的短缺迫使很多钢铁厂大量使用钢铁或有色行业的含铁废料，而这些物料大部分是粉状料。随着铁矿石选矿技术的发展，低品位的矿石可以通过磨选工艺将铁品位提高。然而作为高炉冶炼的原料，这些含铁粉料必须首先进行造块处理。

烧结和球团是目前钢铁行业最常见的两种高温造块技术。19 世纪中后期，在英国和德国，现代铁矿石烧结技术起源于有色冶金领域的亨廷顿-赫伯莱茵烧结锅(Huntington Heberlein pot)工艺[2]，该工艺采用如图 1.1 所示的类似锅型反应器氧化处理硫化矿。硫化矿在高温氧气气氛下燃烧脱硫，由于剧烈燃烧造成了部分液相的生成，因此燃烧后的固体残渣从反应器底部排出时便具有了一定的粒度和强度，当时就将富含铁的残渣用于高炉冶炼[3]。

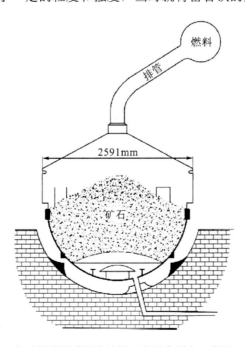

图 1.1　亨廷顿-赫伯莱茵烧结锅工艺示意图(19 世纪 90 年代)

　　后来炼铁工作者借鉴亨廷顿-赫伯莱茵烧结锅工艺处理铁矿粉，将焦粉、铁矿粉或其他含铁粉尘等混匀后再放入烧结炉中，通过气体或液体燃料将料床表层燃料点燃，空气持续进入料层并到达料层底部的透气炉篦，料床中的燃烧层具有一定厚度，且持续往下部移动，燃烧层温度为1200～1500℃，在到达燃烧层之前，料层已经发生了水分蒸发或挥发分的分解反应。亨廷顿-赫伯莱茵烧结锅工艺本质上属于批处理工艺，生产是间断式的，但它是现代的铁矿石带式烧结工艺的技术核心和原型。后期烧结工艺的发展主要沿两个方向：一是提高间断式批处理工艺的效率，其中较为著名的是Greenawalt工艺，该工艺由Greenawalt在20世纪初发明，最初采用矩形的烧结锅，尺寸为2.5m宽，4～6m长，料层厚度约为0.5m；二是连续式烧结工艺的出现和发展，典型的代表是Dwight-Lloyd连续烧结工艺，该工艺最早由Dwight于1908年提出[4]，其工艺原理为：利用移动式的烧结台车实现连续式生产，原料小球通过布料器进入台车后通过点火装置启动烧结反应，整个过程靠抽风的负压作用实现料层中燃料持续自上而下地燃烧。Greenawalt工艺与Dwight-Lloyd工艺几乎是在相同的时间实现了工程应用并均申请了美国专利。通过可查询到的文献来看，后者报道的时间只比前者晚了约三个月。有趣的是，两个专利在有些保护条款中出现了冲突，于1928年产生了专利纠纷诉讼，法官在判决书中的第一句话写道"本案件如此复杂，以至于在不同的权利要求时考虑不同的适用法律条款"。不论结果如何，技术发展到今天，连续式的Dwight-Lloyd工艺有着更强大的生命力和优势。

　　除连续和批次生产的工艺划分方式外，烧结工艺的划分方式还包括上升气流（updraft）工艺和下降气流（downdraft）工艺。亨廷顿-赫伯莱茵烧结锅就是典型的上升气流工艺，起源于瑞典，在美国取得广泛应用的Savelsberg工艺也是上升气流工艺[5]；Dwight-Lloyd工艺和Greenawalt工艺是下降气流工艺，目前国际上所有的烧结工艺全是下降气流工艺。下降气流工艺的最大特点就是克服了上升气流工艺中粉尘产生量大、设备维护成本高的缺点。Dwight-Lloyd工艺从20世纪初诞生以后得到了快速发展，在20世纪四五十年代已基本成熟，装备方面与现代铁矿石烧结工艺非常接近，如图1.2所示。现代烧结生产的主要环节包括配料、混料和造粒、布料、抽风烧结、鼓风冷却、破碎和筛分。烧结矿热态下破碎后具有可观的显热，往往与热量回收和蒸汽发电相衔接。为了提高烧结的混匀效果，有些企业还在一次混合前额外配加强力混匀装置，这样可以明显减少烧结矿的偏析。

　　铁矿粉烧结基本工艺和装备成熟后，后期的发展主要在烧结工艺方面。例如，从自熔性烧结矿发展到熔剂性烧结矿；日本钢铁企业针对微细粒铁精粉所提出的小球烧结工艺[6,7]；国内中南大学针对特殊难处理矿提出的复合造块工艺[8]；日本学者针对高比例褐铁矿烧结提出的Mebios工艺等[9]。

　　现代烧结工艺原理和设备基本定型后，烧结工艺中出现了大量新技术，包括烧结机大型化、混合制粒、厚料层烧结工艺、环形冷却机、烟气脱硫脱硝工艺、烟气循环工艺、料面喷吹工艺等。

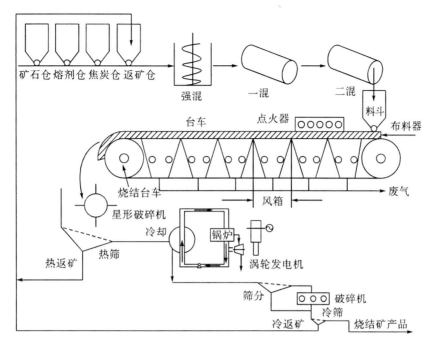

图 1.2　现代烧结生产工艺流程图

1.1.1　烧结机大型化

1910 年，世界上第一台烧结机研发成功，其台车宽度仅为 1m，烧结面积为 6m²；1926 年，第一台台车宽度为 1m，烧结面积为 21m² 的烧结机投入市场；1936 年，世界上最大的烧结机台车宽度达到了 2.5m，有效烧结面积为 75m²，这大大提高了烧结生产效率，此类烧结机台车在当时得到了广泛应用。1952 年，威尔士钢铁公司将烧结台车的有效烧结面积增加至 90m²，此时，我国最大的烧结机台车面积为 75m²。1957 年，世界上出现了第一台台车宽度为 3m 的烧结机；1958 年，澳大利亚 BHP 公司和美国 Jones & Laughlin 公司率先建成台车宽度为 4m 的烧结机；1970 年，世界上第一台台车宽 5m 的烧结机成功建成，烧结机的面积达到了 600m²。20 世纪 80 年代，我国最大的烧结机台车面积达到了 265m²；90 年代，宝钢集团有限公司(简称宝钢)和武汉钢铁(集团)公司(简称武钢)等大型钢企投产了我国自主研发的 450m² 烧结机台车；2010 年，太原钢铁(集团)有限公司(简称太钢)投产了当时世界上最大的烧结机，其烧结面积达到了 660m²，台车宽度为 5.5m。

1.1.2　混合制粒

混合制粒的目的是得到化学成分均匀、粒度适宜、透气性良好的烧结料。混合料的粒度组成直接关系到料层的透气性和烧结机的利用系数，根据混合料的颗粒形态可以生产出特定微观结构的烧结矿。20 世纪 70 年代，日本新日铁公司提出了"准颗粒"(quasiparticle)。"准颗粒"的形成方式是将较细的粉料颗粒黏结在较粗大的颗粒(粒核)上。80 年代，Lister 指出，存在着一个与水分有关的中间颗粒粒度范围，在此范围内，同一种粒度的中间颗粒可以在一个变换的过渡区间既作为黏附的细粉，又作为粒核。为了改善细粒矿石配比高的烧结混合料的透气性，日本数家烧结厂研究出了新制粒方法，称为预先制粒，即将细粒粉矿、精矿、返矿和生石灰等物料加水混合，再用圆筒或圆盘制粒机造成小球，然后将得到的小球料并入总制粒系统，给入圆筒制粒机。1987 年，日本钢管公司率先安装了该设备。随着混料技术的发展，钢铁厂普遍将原料进行两次混合，即一混和二混，一混主要是将烧结料混匀，二混主要是对已润湿混匀的烧结料进行制粒并补加水分。进入 21 世纪，混合料制粒工艺持续改进，我国宝钢最先尝试在一混前面增加强力混合装置以提高原料的均匀性和增强制粒效果，目前国内很多钢铁企业决定采用类似三次混合制粒的配置。

1.1.3　厚料层烧结工艺

厚料层烧结是指在烧结炉箅上，保持较高的铺料厚度进行烧结的铁矿石烧结工艺。这种工艺能有效改善烧结矿的质量、提高烧结矿机械强度、减少粉末量、降低氧化亚铁含量、改善还原性能。此外，对提高烧结矿成品率和节约燃料消耗也都有显著的效果。20 世纪五六十年代，法国在研究低品位鲕状赤铁矿烧结时，发展厚料层烧结工艺，获得了高质量与低燃耗的烧结矿。此后，日本、澳大利亚广泛采用，特别是 70 年代以来，该工艺在日本、西欧和苏联均得到不断发展。至 80 年代，世界各国烧结料层厚度多数在 450~600mm，个别高达 700mm。中国由于资源特点，主要使用细铁精矿粉烧结，故过去较长时期内料层厚度停留在 200~250mm，直到 70 年代末期，首都钢铁公司、鞍山钢铁公司等烧结厂在使用细精矿粉的条件下，先后进行厚料层烧结工艺的探索并取得显著效果，1983 年，中国烧结料层厚度已由原来的平均 220mm 增高到 300mm 以上。到 80 年代中期，中国烧结料层厚度一般在 350~450mm，少数工厂达到 500mm 以上。目前，为进一步降低铁前成本，我国众多钢铁企业已着手使用超厚料层烧结工艺，宝武和鞍钢等企业已将烧结料层厚度增加到 1000mm，实现了超厚料层烧结，有效减少了固体燃料消耗。

1.1.4　环形冷却机

环形冷却机简称环冷机，作用是有效冷却从烧结机卸下的烧结热矿。与传统的带式冷却机相比，环冷机具有占地面积少、投资小、设备利用率高等优点。但是由于环冷机台车为圆周运动，且回转半径大，因此其运动规律较带冷机台车的直线运动更为复杂，在运行过程中极易发生台车跑偏现象，导致台车轮缘啃咬钢轨边、台车体挤压磨损密封橡胶皮、电机电流升高等故障发生。这些现象影响环冷机的正常运行及烧结矿的冷却效果。于是出现了新型鼓风式环冷机，主要解决了环冷机的密封和散料收集的问题。

1.1.5　烟气脱硫脱硝工艺

脱硫脱硝主要指脱除烧结烟气中的 SO_x 和 NO_x 等污染性气体。日本在烧结烟气脱硫脱硝方面的研究成果位居世界前列，20 世纪 70 年代，日本已经建成了配有烟气脱硫装置的大型烧结厂，选择性催化还原法脱硝也实现了商业化，同时，日本学者首先提出了氧化吸收法脱硝工艺。到了 80 年代，德国 Lurgi 公司开发出了一种半干法脱硫工艺。我国烧结烟气脱硫脱硝尚处于发展阶段，2005 年之前，国内未有一台烧结机实施烟气脱硫脱硝，近年来随着环保要求的日趋严格，节能减排已成为当前宏观调控的重点。我国钢铁企业逐渐将脱硫脱硝提上日程。目前常用的烧结脱硫工艺有石灰石-石膏法、旋转喷雾干燥法、循环流化床法、双碱法和密相干塔法等。常用的脱硝工艺有活性炭法、氧化法、低温催化还原法等。

1.1.6　烟气循环工艺

烟气循环工艺早在 20 世纪日本的钢铁企业中就进行了工业试验，但是并没有进行工业化应用。烧结烟气脱硫脱硝工艺在生产线上的不断使用，客观上促进了烟气循环工艺在国内的发展。将烧结机尾部的烟气循环到烧结台车顶部，既利用了部分热量，烧结燃耗得到一定程度的降低，也使得烟气中的 NO_x 和 SO_x 得到了一定程度的富集，提高了后续烟气处理的效率，降低了烟气处理的成本。烟气循环工艺目前在国内宝钢、首钢等钢铁企业中得到了应用。

1.1.7　料面喷吹工艺

料面喷吹包括料面喷吹焦炉煤气、天然气等富氢气体，以及料面喷洒水蒸气。料面喷吹富氢气体是为了减少固体碳的消耗，减轻烧结烟气中 NO_x 和 SO_x 的含量，尤其在当前"碳中和"背景下，采用富氢气体喷吹可以减少烧结过程中 CO_2 的排放。料面喷洒水蒸气可减少烧结烟气中的 CO 和二噁英。料面喷洒富氢气体在广东省韶关钢铁集团有限公司、中天钢铁集团有限公司等企业中得到了工业应用，料面喷洒水蒸气技术目前在首钢等企业中得到了应用。

20 世纪末，铁矿石烧结工艺日趋成熟。进入 21 世纪后，铁矿石烧结领域的发展主要集中在设备大型化、自动化、烧结节能减排以及最近几年在"中国制造 2025"计划引领下的智能化发展。综上所述，未来铁矿石烧结工艺的主要特点是低能化、清洁化、智能化。

1.2　烧结液相形成与固液作用

铁矿石烧结作为最常见的一种造块工艺，其造块的基本原理是液相黏结作用，如图 1.3 所示。烧结工艺的主要步骤是：燃料通过在空气气氛下燃烧加热铁矿石和熔剂，在加热过程发生蒸发、分解和还原等一系列的化学反应，原料的固相反应产生低熔点物相并在升温过程中变成液相，初始液相产生，随后与固相发生同化作用。同化作用实质上是固相在液相中溶解、界面化学反应及铺展等复杂现象的概括。日本学者 Kasai 及 Hida 等最早提出了铁矿石同化性的概念，我国北京科技大学吴胜利在此基础上提出了铁矿石同化性测试方法及烧结液相流动性的概念，并将烧结液相流动性与烧结矿性能建立联系。因此，烧结过程核心的控制要素就是液相的产生量及液相的流动性等。如图 1.4 所示，按照加热过程不同温度阶段可以将烧结过程划分为四个阶段。

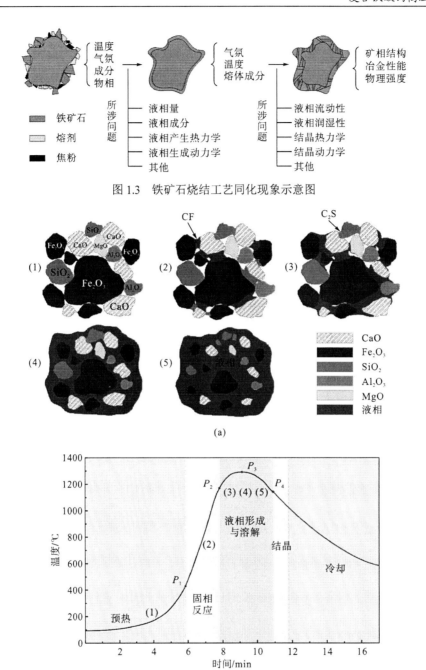

图 1.3 铁矿石烧结工艺同化现象示意图

图 1.4 铁矿石烧结同化过程示意图(a)及烧结过程温度变化曲线(b)

1.2.1 固相反应

固相反应是烧结混料某些组分在烧结过程中加热到液相之前发生反应,生成新的低熔点化合物的过程。固相反应是液相生成的基础,其反应机理是离子扩散。烧结料中的氧化物(如 Fe_2O_3、CaO、SiO_2、MgO 等)均属于离子型晶格构造。随着烧结过程中温度升高,离子获得能量后剧烈运动,温度越高,质点越容易获得位移所必需的活化能。当温度达到某一临界值时,这些离子获得了足够的能量,克服了自身内部离子的束缚,从而向附近紧密接触的固体表面扩散,并进入其他晶体的晶格内,发生化学反应,产生固相。

固相反应有以下特点:①起始反应温度低于反应物的熔点或它们的低共熔点;②固相反应一般均为放热反应;③两种物质间反应的最初产物,无论其反应物的分子数之比如何,一般来说都为结晶构造简单的化合物,即生成物的组成常与反应物浓度不一致。由于烧结料中的矿物成分多种多样,因此,固相产物的生成过程也异常复杂。

1.2.2　液相生成

固相反应中生成了烧结原料中所没有的低熔点相,当温度上升到一定程度时,这些低熔点相之间,以及低熔点物相与原料的各组分之间还会进一步发生化学反应,生成低熔点化合物或者共熔体,使得在较低的烧结温度下发生软化熔融,生成部分液相,成为烧结料固结的基础。烧结液相的形成主要分为铁氧体系(Fe-O)、铁橄榄石体系($FeO-SiO_2$)、硅酸钙体系($CaO-SiO_2$)、铁酸钙体系($CaO-Fe_2O_3$)、钙铁橄榄石体系($CaO-FeO-SiO_2$)及钙镁橄榄石体系($CaO-MgO-SiO_2$)等。

铁酸钙是一种强度高且还原性好的黏结相,尤其是生产高碱度烧结矿时,主要依靠铁酸钙作黏结相。铁酸钙体系中化合物的熔点都较低。这个体系的化合物主要有三种,分别是铁酸半钙($CaO\cdot2Fe_2O_3$)、铁酸一钙($CaO\cdot Fe_2O_3$)和铁酸二钙($2CaO\cdot Fe_2O_3$),熔点分别为1226℃、1216℃和1449℃。它们之间的共融区熔点更低,$CaO\cdot Fe_2O_3$与$CaO\cdot2Fe_2O_3$的共熔点为1195℃。该体系中化合物的熔点都较低,因此有人提出了烧结过程中的"铁酸钙理论",即烧结过程形成$CaO-Fe_2O_3$体系的液相不需要更高温度和更多燃料,就能获得足够的液相,并且可以改善烧结矿的强度和还原性。

1.2.3　固相在液相中的溶解

随着温度的升高及液相的产生,铁矿石烧结过程的传质机理转变为溶解-析出传质,固相部分溶解于液相中,液相在另一部分固相上析出生长,直到晶粒长大获得致密的烧结体。溶解-析出传质过程需满足三个条件:①有一定的液相量;②液相可以在固相表面润湿铺展;③固相在液相中有一定的溶解度。溶解-析出传质过程是颗粒表面能降低的过程,发生溶解-析出传质的同时也是晶粒生长的过程。由于液相能润湿固相,在每个固相颗粒间的空隙处形成了一系列的毛细管,液相表面张力以毛细管力的方式使固相颗粒拉紧。固相颗粒在毛细管力的作用下,通过液相黏性流动或在颗粒间接触点上局部应力的作用下进行重新排列,导致颗粒之间不断靠拢,得到了更紧密的堆积。

1.2.4　液相的冷凝与结晶

燃料燃烧结束后,高温下形成的液相熔融物在抽风的作用下冷却、凝结,并伴随有矿物晶体的析出和晶格结构的转变。冷却速度是影响液相冷却过程的主要因素,若冷却速度过快，液相来不及结晶，会产生脆性玻璃质，并且由于结晶不完全，烧结矿产生粉化现象；若冷却速度过慢，则烧结机运行速度变慢，影响烧结矿产量。随着冷却过程的进行，液相逐渐冷凝，同时多种矿物开始析出晶体，该过程一般在 $1000\sim1100$℃下完成。

烧结同化过程实际上就是液相产生和固相在液相中溶解这两个过程的耦合。该过程中液相的高温物理化学性质，如黏度、表面张力、密度，以及固液间的界面性质（如接触角等）对同化行为具有显著的影响。

1.3 烧结矿物相组成与相图

铁矿石烧结工艺自问世以来，就在不断地优化其液相生成和产物的结晶相组成。过去一百年烧结黏结相先后经历了铁橄榄石体系、钙铁橄榄石体系和铁酸钙体系的变迁，烧结温度也逐渐降低，烧结矿的冶金性能不断改善，如图 1.5 所示。烧结工艺最先产生时烧结矿的碱度为矿石的自然碱度，主要的黏结相是 $FeO\text{-}SiO_2$ 形成的铁橄榄石体系；随着自熔性烧结矿的出现，碱度提高到 $0.9\sim1.2$，黏结相变成了 $CaO\text{-}FeO\text{-}SiO_2$ 所形成的钙铁橄榄石体系；随着碱度继续升高至 1.8 以上，黏结相变成了以 $CaO\text{-}Fe_2O_3$ 为主的铁酸钙体系。铁酸钙体系中由于溶解了一定量的 SiO_2 和 Al_2O_3，因此习惯上把 $SiO_2\text{-}Fe_2O_3\text{-}CaO\text{-}Al_2O_3$（SFCA）称为复合铁酸钙；日本学者提出在复合铁酸钙中也会存在 MgO，称为 $SiO_2\text{-}Fe_2O_3\text{-}CaO\text{-}Al_2O_3\text{-}MgO$（SFCAM）。综上所述，烧结过程黏结相从相图角度看，从二元体系逐步过渡到三元、四元甚至是五元体系，后续章节将对这些相图进行详细介绍。

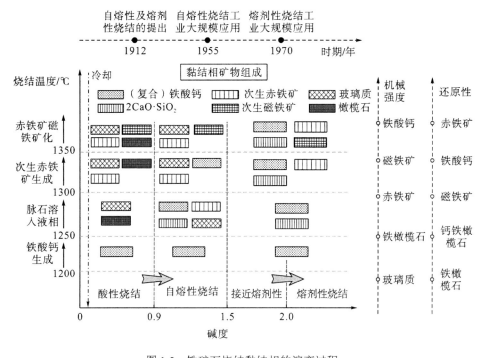

图 1.5 铁矿石烧结黏结相的演变过程

参 考 文 献

[1] Ball D F, Dartnell J, Davison J, et al. Agglomeration of iron ores. American: Elsevier Publishing Company, New York, 1973.

[2] Holowaty M O. History of iron ore sintering recalls variety of experimentation. JOM. 1955, 7(1): 19-23.

[3] Austin L S. The metallurgy of the common metals, gold, silver, iron (and steel), copper, lead and zinc. Journal of Geology, 1909, 18(2): 123-134.

[4] Klugh B G. The sintering of fine iron bearing materials by the Dwight & Lloyd process. Transactions of the American Institute of Mining and Metallurgical Engineers, 1912, 43: 364-375.

[5] Savelsberg E J. Savelsberg sintering process. 1904: 598-755.

[6] Borges W, Melo C, Braga R, et al. Application of the Hybrid Pelletized Sinter (HPS) Process at Monlevade Works. Revue de Métallurgie, 2004, 101(3): 189-194.

[7] Kumasaka A, Kondo K, Sakamoto N, et al. Granulation characteristics of iron ore fines for hybrid pelletized sinter process. Revue de Métallurgie, 1992, 89(3): 225-232.

[8] 姜涛, 李光辉, 张元波, 等. 铁矿粉复合造块法, 2010 年全国炼铁生产技术会议暨炼铁学术年会, 北京: 冶金工业出版社, 2009: 216-221.

[9] Hayashi N, Komarov S V, Kasai E. Heat Transfer Analysis of the Mosaic Embedding Iron Ore Sintering (MEBIOS) Process. ISIJ International, 2009, 49(5): 681-686.

第2章 铁酸钙系物相与相图

烧结工艺的核心是产生低熔点、强黏结性和易还原的物相。如前言所述，烧结生产控制的温度逐渐降低，黏结相也从铁橄榄石转变为钙铁橄榄石，直至目前广泛使用的复合铁酸钙。本章将对烧结工艺发展过程中所涉及的主要相图体系进行归纳和总结。

2.1 FeO-SiO₂ 体系和 Fe₂O₃-SiO₂ 体系

图 2.1 所示为计算所得 400~2000℃ FeO-SiO₂ 体系二元相图。图中仅有一个同分熔化化合物，即铁橄榄石 $2FeO \cdot SiO_2$(F_2S)，它的液相线附近是平滑的，因此熔化后，特别是温度高时，有一定程度的分解。在靠近 SiO₂ 一端，低温下固相存在多晶转变，当温度高于 1669℃时出现了较宽的液相分层区，超过 1917℃时液相分层消失。靠近 FeO 一端，温度高于 1188℃时出现液相，当 FeO 数量增多时，FeO 将分解为 Fe 和 Fe₂O₃。该体系在 F_2S 的两侧各有一个共晶反应，分别为 L ⟷ F_2S+F 和 L ⟷ F_2S+S，共晶反应的温度分别为 1188℃和 1186℃。这两个低熔点的共晶体(F_2S+F 和 F_2S+S)对烧结具有重要意义。

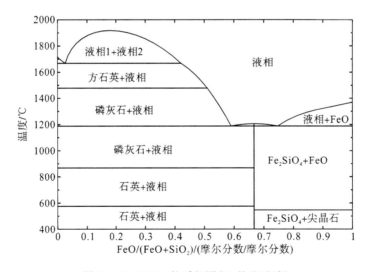

图 2.1 FeO-SiO₂ 体系相图(Fe 饱和溶液)

FeO-SiO₂ 系化合物是非熔剂性烧结矿的固结基础。Yagi 等[1]在高温高压和严格控制氧势的条件下合成了单晶 F_2S 样品，并利用 X 射线对其单晶结构进行解析，其晶体结构如图 2.2 所示。研究表明 F_2S 具有近似正态尖晶石的立方晶体结构，其中晶胞参数 a=8.234(1)Å，V=559.2(1)Å³，Z=8。在八面体位置发现了原子占位率为(2.3±1.0)%的硅原子。Si—O 键和 Fe—O 键的平均距离分别为 1.652Å 和 2.137Å。Ding 等[2]同样采用 X 射线粉末衍射和里特沃尔德（Rietveld）结构精修的方法在高温（900℃）和高压（70kbar，1bar=10^5Pa）条件下成功合成了 F_2S 样品，并对其进行了晶体结构解析。结果表明该化合物为立方体，晶胞参数为 a=8.2413(6)Å，V=559.8(1)Å^3，Z=8。原子占位率表明，硅的37.9%位于八面体位点，铁的 18.9%位于四面体位点。由于 Si^{4+}离子被 Fe^{2+}离子置换较多，氧原子的位置参数（0.3689）小于 X 射线单晶结构的位置参数（0.3658），Si—O 键的平均长度[1.697(1)Å]和 Fe—O 键的平均长度[2.112(1)Å]均小于其单晶结构参数。

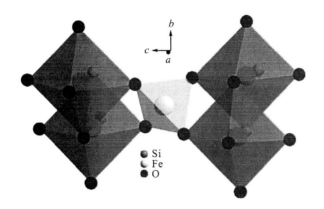

图 2.2　$2FeO \cdot SiO_2$ 的晶体结构

图 2.3 所示为文献中实验和优化得到的空气气氛下 1300～2100℃ Fe_2O_3-SiO_2 体系相图。1460℃，30.4%（摩尔分数）SiO_2 处发生二元共晶反应 L ⟷ Fe_2O_3+SiO_2，与 FeO-SiO_2 体系相图相似之处在于：靠近 SiO_2 一端，低温下固相存在多种晶型的转变，当温度高于1663℃时出现了很宽的液相分层区，液相分层消失对应的温度在文献中存在分歧，为1900～2000℃。

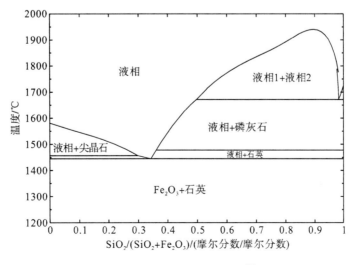

图 2.3　Fe_2O_3-SiO_2 体系相图[3]

2.2 CaO-FeO-Fe₂O₃ 体系

2.2.1 CaO-FeO 体系

图 2.4 所示为文献[4]中实验测量和优化得到的 600~1500℃ CaO-FeO 体系二元相图，严格意义上讲，此体系不是真正的二元体系，而是金属铁液平衡的 CaO-FeO-Fe₂O₃ 体系在 CaO-FeO 边上的投影图。该二元体系中存在一个不稳定的化合物 2CaO·Fe₂O₃（C₂F），当温度高于 1053℃ 时分解为 CaO 和 Fe$_x$O。CaO 在 Fe$_x$O 中和 Fe$_x$O 在 CaO 中均形成不同溶解度极限的固溶体。

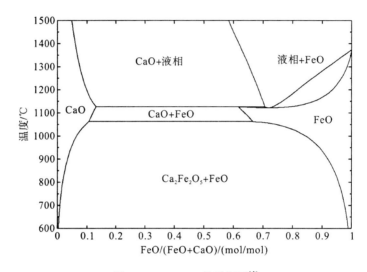

图 2.4 CaO-FeO 体系相图[4]

2.2.2 CaO-Fe₂O₃ 体系

图 2.5 所示为 1400~2000K（1127~1727℃）CaO-Fe₂O₃ 体系二元相图[4]。Fe₂O₃ 在该体系下表现出酸性氧化物的特征，与强碱性氧化物 CaO 形成两个异分熔化型化合物 CaO·Fe₂O₃（CF）和 CaO·2Fe₂O₃（CF₂），以及一个同分熔化型化合物 2CaO·Fe₂O₃（C₂F）。固相体系中 Fe₂O₃ 在 CaO 中有极低的固溶度。CF₂ 为亚稳定化合物，只能在 1150~1240℃ 稳定存在，低温下转变为 CF 和 F。该体系包含两个共晶反应和两个包晶反应，其中共晶反应分别为 L ⟷ C+C₂F 和 L ⟷ CF+CF₂，包晶反应分别为 L+C₂F ⟷ CF 和 L+F ⟷ CF₂，除此之外还有一个共析反应（CF₂ ⟷ CF+F）。C₂F 和 CF 能组成系统中熔点最低的共晶体，熔化温度约为 1484K（1211℃）。

二元铁酸钙是复合铁酸钙形成的基石，烧结过程中常见的二元铁酸钙有 CF 和 C₂F。CF 的结构是一个顶点共享的双金石链，其晶体结构如图 2.6 所示，在 Fe 周围的氧配位是一个被扭曲的八面体，在 Ca 周围出现了 9 个氧配位。CF 与 C₂F 均为八面体结构，C₂F 的晶体结构如图 2.7 所示。

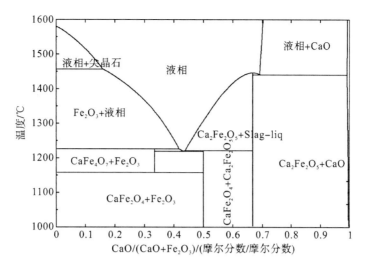

图 2.5　CaO-Fe$_2$O$_3$ 体系相图[4]

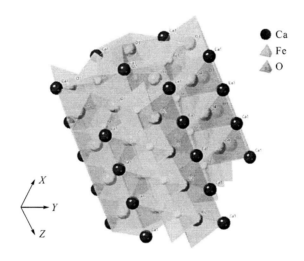

图 2.6　CF 的晶体结构

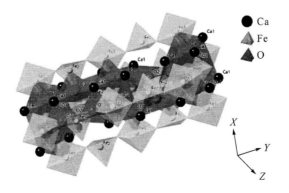

图 2.7　C$_2$F 的晶体结构

Hirabayashi 等[5]利用 X 射线衍射（X-ray diffraction，XRD）和 Fe-穆斯堡尔光谱方法研究了不同摩尔比的 CaO-Fe_2O_3（Ca/Fe 摩尔比为 0.33～3.00）在 1000℃条件下空气气氛中保温 3h 的固相反应。结果表明，当 Ca/Fe 摩尔比从 3.00 减小到 0.33 时，$Ca(OH)_2$ 消失并且钙铁石型 $Ca_2Fe_2O_5$ 相转变为 CaV_2O_4 型 $CaFe_2O_4$ 相。当 Ca/Fe 摩尔比为 1.00 时，$Ca_2Fe_2O_5$ 的衍射峰最明显；当 Ca/Fe 摩尔比为 0.50 时，$CaFe_2O_4$ 的衍射峰最强，实验过程并未发现 $Ca_2Fe_2O_5$ 的衍射峰。穆斯堡尔谱显示，拥有两个四面体 Fe 离子(III)位和八面体配位的钙铁石型 $Ca_2Fe_2O_5$ 是 Ca/Fe 摩尔比为 0.33 和 1.00 时的主要产物。但是，在室温下未检测到包括 Fe 离子(IV)的 Fe 位置。在钙铁石结构中，当 Ca/Fe 摩尔比>1 时，Fe-穆斯堡尔吸收分配给了八面体(FeO_6)的铁离子位和四面体（有氧空位的 FeO_4）。从动力学角度来说，随着温度的升高，离子自身具有的能量增大，达到扩散活化能的离子数增多，同时扩散基体内缺陷浓度增大，使得扩散更容易进行。Fe^{3+} 在 CF 层内的扩散系数 $D=3.20\times10^{-8}cm^2/s$（1100℃），在 C_2F 层内的扩散系数 $D=8.31\times10^{-10}cm^2/s$（1140℃）。随着 Fe^{3+} 在 CF 层内扩散能力的增加，C_2F 与 Fe_2O_3 继续反应生成 CF。

很多学者已经通过不同方法研究了 CaO-Fe_2O_3 体系中 CF 及 C_2F 的生成温度。由于采用的升温制度及原料配比等不同，所得到的 CF 与 C_2F 的生成温度均有一定差异，但绝大部分研究都表明 C_2F 较 CF 先生成。Jeon 等[6]与 Webster 等[7]的实验均在氧分压较低（$\log P(O_2)=10^{-3}$）时进行，结果却完全相反，Jeon 等[6]将差异归结于 SiO_2、Al_2O_3 及氧分压对 CF 及 C_2F 生成的影响。其生成机理为 CaO 先与 Fe_2O_3 反应生成 C_2F，随着温度的升高，C_2F 再与多余的 Fe_2O_3 生成 CF。本书笔者及团队则采用 TG-DSC 的方法研究了空气气氛下 C_2F 和 CF 的生成温度，结果表明 C_2F 生成温度约为 900℃，而 CF 的生成温度为 985℃。此外，还研究了不同 CaO 来源对铁酸钙生成的影响机制，当使用 $Ca(OH)_2$ 时，C_2F 在较低温度下就能生成，当温度大于 1100℃时，使用 $CaCO_3$ 时 CF 的生成速率更快。

2.2.3　CaO-FeO-Fe_2O_3 体系

图 2.8 所示为 CaO-FeO-Fe_2O_3 体系三元相图。除了二元体系中已被证实的化合物外，该体系在靠近 Fe_2O_3 端存在多种其他化合物，如 $CaFe_3O_5$、$Ca_4Fe_9O_{17}$ 和 $Ca_4Fe_{17}O_{29}$。在 FeO-Fe_2O_3 二元边界线上，存在浮氏体(wustite)和尖晶石(spinel)两种固溶体。其中，L $\longleftrightarrow$ $Ca_2Fe_2O_5$+$CaFe_5O_7$ 共晶线上凹点处 1104℃为该体系的液相消失点，在这个二元共晶线的端点分别对应两个三元包晶反应 L+C$\longleftrightarrow$$C_2F$+$CF_2$（1112℃）和 L+$CaFe_3O_5$$\longleftrightarrow$$C_2F$+$CF_2$（1114℃）。

CaO-FeO-Fe_2O_3 不同温度下等温截面图如图 2.9 所示，Hidayat 等人[4]研究了氧势对该体系液相区的影响规律，1200℃下液相区由五个初晶区包围而成，当氧势大于-8 时，降低氧势，对液相区影响不大；当氧势低于-8 时，进一步降低氧势，液相区显著收缩。1300℃与 1200℃相比，液相区明显扩大，并向 C_2F+Sp+L 三相区迅速延伸，降低氧势对液相区有较大影响；1400℃下液相区仍然显著扩大，并向 FeO 端不断延伸，降低氧势对液相收缩的影响越加明显。

综上所述，随着温度升高，液相区向 FeO 和 Fe_2O_3 端不断延伸；在同一等温截面下，降低氧势，液相区不断缩小，随着温度的升高，降低氧势对液相区收缩的影响越加明显。

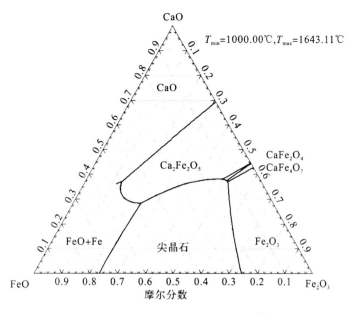

图 2.8　CaO-FeO-Fe$_2$O$_3$ 体系相图[8]

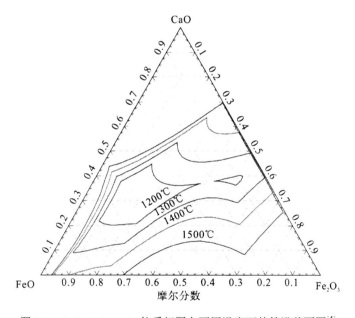

图 2.9　CaO-FeO-Fe$_2$O$_3$ 体系相图在不同温度下的等温截面图[4]

2.3　CaO-FeO-SiO$_2$ 体系

　　图 2.10 为 CaO-FeO-SiO$_2$ 体系三元相图，此相图是在金属铁液平衡的条件下获得的。CaO-FeO-SiO$_2$ 相图由三个二元体系 FeO-CaO、CaO-SiO$_2$ 和 FeO-SiO$_2$ 组成。该三元体系相图中仅有一个稳定的三元化学计量比化合物——钙铁橄榄石 CaO·FeO·SiO$_2$（CFS，熔点为 1213℃），以及 5 个二元化学计量比化合物（CS、C$_3$S$_2$、C$_2$S、C$_3$S 和 F$_2$S），其中 3 个是稳

定化合物(C_2S、F_2S、CS），因此该三元体系共有 9 个初晶面。另外，图中还有 2 条晶型转变线及一个液相分层区，总共有 12 个相区。靠近 SiO_2 顶角处有较大范围的液相分层区，它是 CaO 和 FeO 分别在 SiO_2 内形成的两个互为饱和的溶液分层区。在 CaO 顶角处，有 FeO 在 CaO 内形成的高熔点的固溶体，用 (Ca,Fe)O 表示，其熔点随着 FeO 量的增加而降低，FeO 在 CaO 中的极限固溶度约为 10%。同样地，在 FeO 顶角处，CaO 在 FeO 内溶解形成固溶体，并随着温度的升高，固溶度相应增大。

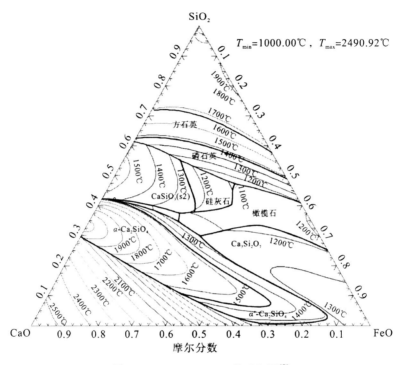

图 2.10　CaO-FeO-SiO_2 体系相图[8]

该三元体系靠近 CaO 端点处，包含很窄的 C_3S 和 C_3S_2 初晶区。该三元体系在中间区域存在 3 个共晶反应，分别为 L⟷C_2S+C_3S_2+F_2S（1227℃）、L⟷F_2S+C_2S+FeO（1227℃）和 L⟷CFS+F_2S+SiO_2（1090℃）。最新研究表明 L⟷CFS+F_2S+SiO_2 三元共晶反应为该三元体系液相消失温度，以往文献中常用 L⟷CFS+F_2S 共晶线上凹点的 1090℃作为该体系的液相消失温度。除了共晶反应，该体系还存在 3 个包晶反应，分别为 L+F_2S⟷C_2S+C_3S_2（1212℃）、L+CFS⟷F_2S+CS（1196℃）和 L+CFS⟷CS+SiO_2（1271℃）。

2.4　CaO-Fe_2O_3-SiO_2 体系

图 2.11 为 CaO-Fe_2O_3-SiO_2 体系在空气气氛下的实验相图，该体系相图由 3 个二元体系（Fe_2O_3-CaO、CaO-SiO_2 和 Fe_2O_3-SiO_2）组成。该相图中仅有 1 个三元固溶体 CaO·FeO·SiO_2（SFC），以及 7 个二元化学计量比化合物（CS、C_3S_2、C_2S、C_3S、C_2F、CF 和 CF_2），其中 4 个是稳定化合物（C_2S、F_2S、CF 和 C_2F），因此该三元体系共有 11 个初晶面。另外，图

中还有两条晶型转变线及 1 个液相分层区，总共 14 个相区。

　　该体系靠近 CaO 端点处，包含很窄的 C_3S 初晶区，并一直延伸到 C_2F 的初晶区。存在 2 个共晶反应，即 $L \longleftrightarrow CaO+C_3S+C_2F$（1402℃）和 $L \longleftrightarrow CaO+C_2S+C_2F$（1405℃）。该三元体系在中间区域存在 3 个共晶反应，即 $L \longleftrightarrow C_2S+C_3S_2+Hematite$（1233℃）、$L \longleftrightarrow CS+C_3S_2+F$（Hematite）（1221℃）和 $L \longleftrightarrow CS+F+S$（Tridymite）（1199℃）。

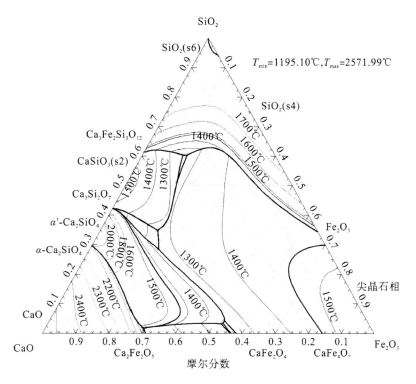

图 2.11　CaO-Fe_2O_3-SiO_2 体系相图[8]

　　该体系靠近 Fe_2O_3 端点更加清晰，相图如图 2.12 所示。Cheng 等[9]实验证实了 $L+C_2S+SFC+F$ 四相平衡点为共晶反应而非包晶反应，相图优化后得到该反应的温度为 1238℃。因此 CaO-Fe_2O_3-SiO_2 体系相图在靠近 Fe_2O_3 端点包含 2 个共晶反应[$L \longleftrightarrow C_2S+SFC+F$（1238℃）和 $L \longleftrightarrow CF$-C_2S-SFC（1192℃）]和 3 个包晶反应[$L+C_2F \longleftrightarrow C_2S+$

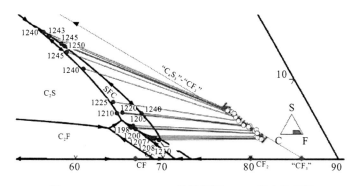

图 2.12　CaO-Fe_2O_3-SiO_2 体系靠近 Fe_2O_3 端点处相图

CF（1205℃）、L+F $\longleftrightarrow$ CF$_2$+SFC（1200℃）和 L+CF$_2$ $\longleftrightarrow$ CF+SFC（1215℃）]。SFC 的初晶区中 SiO$_2$ 的质量分数为 1.5%~14.8%，Chen 等[10] 的报道中 SiO$_2$ 的质量分数为 3.3%~11.0%。在靠近 SiO$_2$ 一端，低温下固相存在多晶型转变，当温度为 1680~1686℃时出现较为宽阔的液相分层区，温度高于 1700℃时液相分层消失。

2.5　CaO-Al$_2$O$_3$-SiO$_2$ 体系

图 2.13 为 CaO-Al$_2$O$_3$-SiO$_2$ 体系在空气气氛下的实验相图，该体系由 3 个二元体系（CaO-Al$_2$O$_3$、CaO-SiO$_2$ 和 Al$_2$O$_3$-SiO$_2$）组成。三元体系共有 10 个二元化合物，包括 5 个稳定化合物和 5 个不稳定化合物，此外，还存在两个三元稳定化合物，即钙斜长石（CAS$_2$）和方柱石（C$_2$AS），因此该体系共有 15 个初晶面，其中有 8 个三元共晶点，7 个三元包晶点。相图中靠近 SiO$_2$ 顶角的 SiO$_2$-CaO 边，存在一个液相分层区，由于 Al$_2$O$_3$ 的加入，该区范围缩小。当 Al$_2$O$_3$ 的摩尔分数达到 3%时，液相分层区消失。

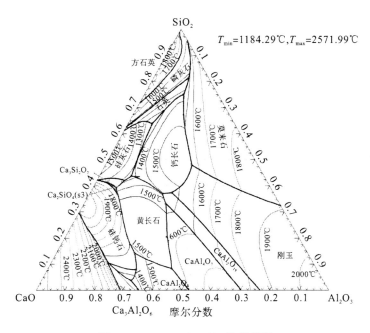

图 2.13　CaO-Al$_2$O$_3$-SiO$_2$ 体系相图

2.6　CaO-Fe$_2$O$_3$-Al$_2$O$_3$ 体系

图 2.14 为 CaO-Fe$_2$O$_3$-Al$_2$O$_3$ 体系在空气气氛下的实验相图，该体系由 3 个二元体系（CaO-Fe$_2$O$_3$、CaO-Al$_2$O$_3$ 和 Fe$_2$O$_3$-Al$_2$O$_3$）组成。结晶相中仅 CaO 和 CaO·Fe$_2$O$_3$ 具有恒定的组分，其余化合物 Al$_2$O$_3$ 和 Fe$_2$O$_3$ 在很大区域内均存在不同程度的固溶。该三元体系在靠近 CaO 端点处包含两个包晶反应，即 L+CaO $\longleftrightarrow$ C$_3$A+C$_2$F（1382℃）和 L+C$_3$A $\longleftrightarrow$ CA+C$_2$F（1405℃）。

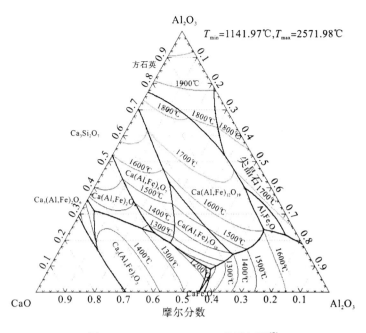

图 2.14 CaO-Fe$_2$O$_3$-Al$_2$O$_3$ 体系相图[9]

该体系在靠近 Fe$_2$O$_3$ 端点处，实验测得了 C(A, F)$_3$ 相初晶区的温度范围为 1200～1450℃，为该体系下温度最低的液相存在区域。

2.7 SiO$_2$-Fe$_2$O$_3$-CaO-Al$_2$O$_3$ 体系

2.7.1 复合铁酸钙(SFCA)的固溶组成

Inoue 等[11]对 CaO-SiO$_2$-Al$_2$O$_3$-Fe$_2$O$_3$ 四元体系中铁酸钙的固溶及晶体结构做了深入的研究，并首先提出 SFCA 存在于 CaO·3Fe$_2$O$_3$-CaO·Al$_2$O$_3$-CaO·SiO$_2$(CF$_3$-CA$_3$-CS)的平面上；他们认为 SFCA 相的统一化学式为 M$_{20}$O$_{36}$，并且在 1100～1250℃才能稳定存在。SFCA 是由 CaSiO$_3$-Ca(Fe, Al)$_6$O$_{10}$ 组成的固溶体，在 1250℃时，SiO$_2$ 的固溶极限(摩尔分数)为 12.5%，理想的化学成分为 Ca$_5$Si$_2$(Fe, Al)$_{18}$O$_{36}$。实际上，烧结矿中 SiO$_2$ 的固溶度为 6%～12.5%，低 SiO$_2$ 铁酸钙固溶体的生成需要较多的 Al$_2$O$_3$，其中 CaO·3Al$_2$O$_3$ 的含量为 2%～20%。通过粉末及单晶 X 射线衍射分析，SiO$_2$ 及 Al$_2$O$_3$ 固溶后生成的复合铁酸钙为三斜晶系，这已被很多学者的研究所证实。高硅铁酸钙的晶格参数为 a=10.057Å，b=10.567Å，c=9.092Å，α=95.45°，β=114.33°，γ=64.13°。将测得的结构参数进行合成，发现 Fe^{3+} 位于四面体的中心位置，离子半径更小的 Si^{4+} 和 Al^{3+} 取代了四面体中心位置的 Fe^{3+}，从而使铁酸钙的结构更加稳定。Mumme[12]重复了 Inoue 等[11]的实验，指出 SFCA 与三斜晶系的矿物有关，组成在 CaO·3(Fe, Al)$_2$O$_3$ 和 2CaO·SiO$_2$·2(Fe, Al)$_2$O$_3$ 的连线上，如图 2.15 所示。

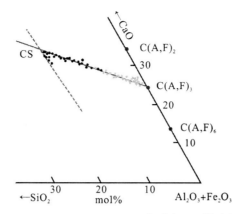

图 2.15　1250℃下 CaO-SiO₂-Al₂O₃-Fe₂O₃ 体系中四元铁酸钙的固溶平衡态

图 2.16 所示为伪四元相图 Fe₂O₃-(CaO+MgO)-Al₂O₃-SiO₂ 中 SFCA 固溶的取代趋势。Dawson 等[13]认为替代平面是 CaO·2Fe₂O₃-CaO·2Al₂O₃-CaO·3SiO₂(CF₂-CA₂-CS₃)，然而 Hamilton 等[14]则认为无铝体系中固溶发生在 CaO·3Fe₂O₃-4CaO·3SiO₂(CF₃-C₄S₃) 伪二元体系，在伪四元体系中，Al³⁺代替了 Fe³⁺。与 Inoue 等[11]不同的是，Hamilton 等[13]认为 SFCA 的化学式为 M₁₄O₂₀，这一观点被 Mumme[12]等进一步验证；同时，Mumme[12]等也提出了化学式为 M₂₀O₂₈ 的 SFCA 的更高同系物，称为 SFCA-I。SFCA 和 SFCA-I 有相似的成分范围及 XRD 图谱，但是这两个物相与之前学者所提出的并没有明显的区别。在 Hamilton 等[14]关于 SFC 三元体系的研究中，提出了 SFC，即 SFCA 的无铝形式，固溶极限范围扩展至质量分数为 7%～11.5%的 C₄S₃ 并且稳定在温度区间 1067～1192℃。Phillips[15]和 Muamme[12]等在之前的研究中并未发现 SFC，直到最近才被后续的研究作为标准进行参考。汪志全等[16]通过电子探针 X 射线显微分析仪(electron probe X-ray microandlyser, EPMA)研究了铁酸钙体系的成分，结果表明 SFCA 的稳定区域在伪(CaO+MgO)-SiO₂-(Fe₂O₃+Al₂O₃) 体系中由 4CaO·3SiO₂-CaO·3(Al, Fe)₂O₃、CaO·SiO₂-CaO·6(Al, Fe)₂O₃ 和 SiO₂-CaO·3(Al, Fe)₂O₃ 三条线组成，如图 2.17 所示。Yajima 等[17]通过统计方法研究了 SFCA 相的组成，认为在 CaO-SiO₂-Fe₂O₃-Al₂O₃ 体系中，SFCA 相的成分位于 CF₃-CA₃-C₄S₃ 平面的低 CaO 一侧，SFCA 相的化学式为 Ca₂(Ca,Fe,Mg,Al)₆(Fe,Al,Si)₆O₂₀。从成分转化的化学式 SiO₂-CaOₘ-(Feₓ Al₁₋ₓ)₂O₃ 来看，m 的峰值在 1.9 左右。

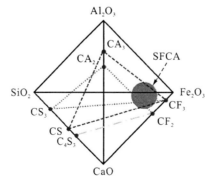

图 2.16　SFCA 在 CaO-SiO₂-Al₂O₃-Fe₂O₃ 体系中的成分平面

注：阴影部分为工业铁矿石烧结中所形成的 SFCA 区域

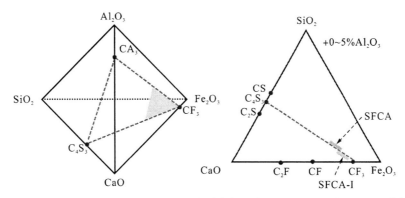

图 2.17 SFCA 在 CaO-SiO₂-Al₂O₃-Fe₂O₃ 体系中的成分平面及 SFCA 与 SFCA-I 的关系

Murao 等[18]使用热力学模型，提出了新的 SFCA 相$[Ca_2(Fe,Ca)_6^{Oct}(Fe,Al,Si)_6^{Tet}O_{20}]$，通过 X 射线吸收近边结构(X-ray absorption near edge structure，XANES)分析证实了 Al 原子更倾向于取代 SFCA 相的四面体位置。考虑到 SFCA 溶液的短程有序性质，使用$Ca_8(Fe^{3+})_2^{Oct}(CaSi^{6+},FeFe^{6+},FeAl^{6+})_3^{Paired}(CaSi^{6+})_1^{Paired}(Fe^{3+},Al^{3+})_{20}^{Tet}O_{80}$结构代表 SFCA 溶体。

Patrick 和 Pownceby[19]研究了 SFC 体系在无铝 SFC 体系中的固溶极限及稳定性。SFC 体系在 1050~1252℃稳定存在，当温度超过这一范围时，将熔化生成 Fe₂O₃ 和液相。SFC 的成分范围非常宽，它位于质量分数为 7%~12%的 C₄S₃ 成分区间内。SFC 体系中的耦合取代机理为$2Fe^{3+} \longleftrightarrow Si^{4+}+(Ca^{2+},Fe^{2+})$，与 Hamilton 等[14]的研究结果一致。在此基础上，Patrick 和 Pownceby[19]将 SFC 体系扩展到四元体系，研究了 1240~1390℃ SFCA 的稳定性和固溶极限，修正了 SFCA 体系中的替代机理，即$2(Fe^{3+},Al^{3+}) \longleftrightarrow (Ca^{2+},Fe^{2+})+Si^{4+}$，并证明了 CF₃-CA₃-C₄S₃(CCC)平面是一个比 CF₃-CA₃-CS 平面更倾向产生 SFCA 成分的区间，SFCA 在四元系中沿着连接 CF₃-CA₃ 和 C₄S₃(CCC 平面)的平面稳定存在，这与之前报道的 CA₃-CF₃ 二元平面不同。SFCA 晶格结构中 Al³⁺和 Fe³⁺可以实现置换，Al₂O₃ 置换范围位于 0~31.5%，如图 2.18 和图 2.19 所示。图 2.19 中细线连接两个端点的组分，灰色区域表示测得的相的成分，SFCA-I 和 C(A,F)₃ 间的关系仍不明确。随着温度的升高，Al³⁺ ⟷ Fe³⁺替代的范围减小，当 Al₂O₃ 极限变得越来越不稳定时，可以预计 SFCA 固溶体在约 1480℃时完全分解。如图 2.20 所示，随着温度的升高，SFCA 的分解速率近似恒定，根据该趋势进行推测(图 2.20 中虚线)，预计 SFCA 固溶体将在 1480℃时完全分解。

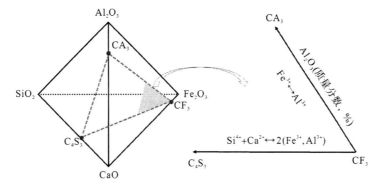

图 2.18 SFCA 固溶体中 CF₃-CA₃-C₄S₃(CCC)平面中离子替代趋势

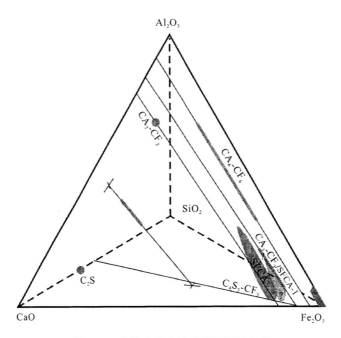

图 2.19　实验中所有结晶相的固溶极限

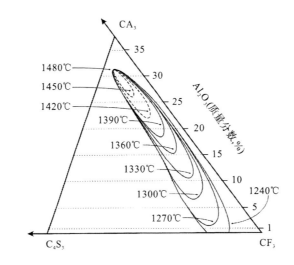

图 2.20　不同温度下 CCC 平面内 SFCA 的稳定性范围

Ca^{2+} 和 Si^{4+} 对 $2Fe^{3+}$ 的耦合取代并不像 $Al^{3+} \longleftrightarrow Fe^{3+}$ 交换那样广泛，其最大范围为 $3\% \sim 11\%$（质量分数）的 C_4S_3。除了 SFCA，一些其他的相也出现在此四元体系中。它们是赤铁矿、磁铁矿、硅酸二钙、含铁的钙铝黄长石、铁铝酸钙固溶体、$C(A,F)_6$ 和 $C(A,F)_2$。$C(A,F)_6$ 的成分范围从 $Ca_{0.98}Al_{9.76}Fe^{3+}_{0.20}Si_{1.00}O_7$ 到 $Ca_{1.02}Al_{5.44}Fe^{3+}_{6.50}Si_{0.04}O_{19}$。$C(A,F)_2$ 的成分接近 $Ca_{1.01}Al_{3.59}Fe^{3+}_{0.39}Si_{0.01}O_7$。含铁钙铝黄长石的范围从 $Ca_{1.96}Al_{1.35}Fe^{3+}_{0.67}Si_{1.03}O_7$ 到 $Ca_{1.99}Al_{1.80}Fe^{3+}_{0.20}Si_{1.00}O_7$，位于钙铝黄长石（$Ca_2Al_2SiO_7$）和铁黄长石（$CaFe_2SiO_7$）的连线上。与之前报道的无铝 SFC 相比，$Al_2O_3$ 可以将 SFCA 稳定在高于 SFC 同等水平温度 200℃ 以上。另外，Patrick 和 Pownceby[19] 测量了 CCC 平面的部分相图，如图 2.21 所示。

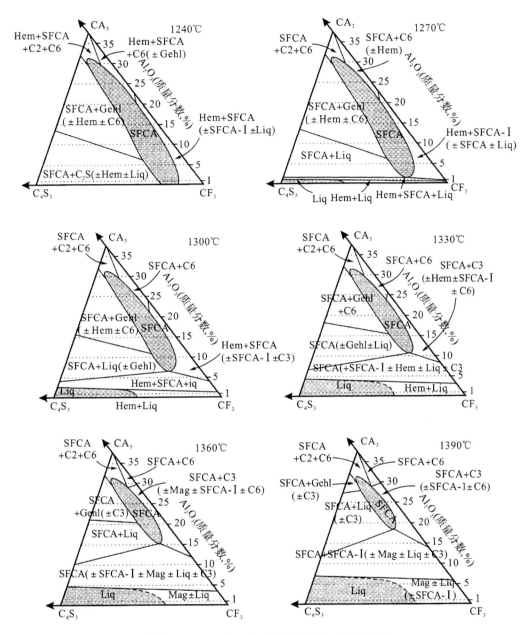

图 2.21　CA$_3$-C$_4$S$_3$-CF$_3$ 平面不同温度下的相图

注：Hem、Mag 和 Liq 分别表示赤铁矿、磁铁矿和液相；C2=C(A,F)$_2$，C3=C(A,F)$_3$，C6=C(A,F)$_6$

2.7.2　复合铁酸钙(SFCA)的晶体结构

Hancart 等[19]最初将铁矿石烧结中一种复杂的铁酸盐命名为 SFCA，其化学式为 xFe$_2$O$_3$·ySiO$_2$·zAl$_2$O$_3$·5CaO(其中 $x+y+z$=12)，后来学者发现 SFCA 是以所有阳离子的固溶体形式存在的，包括 Ca^{2+}及相当一部分 Fe^{2+}、Mg^{2+}，以及 Ti^{4+}。Hamilton 等[13]确认了低铁型复合铁酸钙(SFCA)的晶体结构，如图 2.22 所示，其统一化学式为 M$_{14}$O$_{20}$，呈棱柱状或柱状，如图 2.23 所示，组成为 $Ca_{2.3}Mg_{0.8}Al_{1.5}Si_{1.1}Fe_{8.3}O_{20}$，实际生产烧结中常见的组成(质量分数)为 60%～76% 的 Fe_2O_3，13%～16% 的 CaO，3%～10% 的 SiO_2，4%～10% 的 Al_2O_3 和 0.7%～1.5% 的 MgO，其属于三斜晶系，为层状结构；在 9 个八面体的金属原子配位中，Fe 占据 6 个，Ca 占据 2 个，Ca 和 Fe 共同占 1 个，四面体由 4 个配位组成。6 个铁配位的键长比 Ca 配位短。在 6 个四面体位置上，4 个由 Fe 占据，一个被 Al 占据，另一个由 Al 和 Si 共同占据。

图 2.22　与 $(1\,\bar{1}\,0)$ 面平行的典型的 SFCA 结构由相互交错的八面体和四面体组成

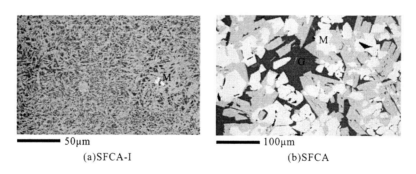

(a)SFCA-I   (b)SFCA

图 2.23　SFCA-I 及 SFCA 基在铁矿石烧结中的结构

注：亮色的相为磁铁矿(M)，SFCA-I 及 SFCA 呈亮灰色，暗色为玻璃相(G)。图中 SFCA-I 呈针状，SFCA 呈柱状及板状

值得一提的是，Liles 等[20]利用 Hamilton 等[13]和 Autoquan 程序的 SFCA 的晶体结构数据所计算的衍射峰型与观察到的纯的合成材料的晶型严重不符，尤其在低角度计算的峰。因此，Liles 等通过单晶衍射法重新检测了无铝 SFC 及 SFCA 的结构，认为 Hamilton 等[13]所提出的 SFCA 结构中有三原子的位置是错误的，应该分别是 Ca、Fe(1)、O(4) 和 O(12)，正确的 SFCA 结构应该如图 2.24 所示。Q1 在八面体层间的填隙原子处出现，并且位于铁原子和氧原子的成键处，Q2、Q3 和 Q5 位于一个四面体层，而 Q2、Q4 和 Q5 则位于下一个四面体层。

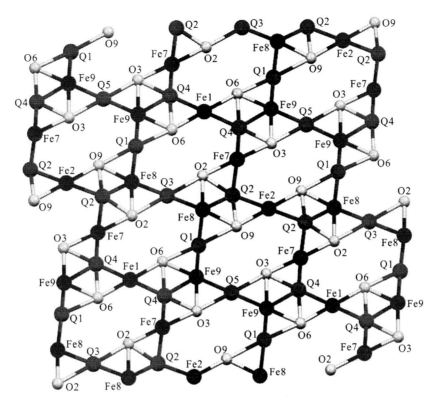

图 2.24　(1 1 0)平面的原子位点分布

1967 年，Lister 等[21]发现了一种化学统一式为 $M_{34}O_{48}$ 的新型铁酸钙，在此基础上，Mumme 等[22]对其进行了深入研究，发现其化学式为 $Ca_{5.1}Al_{9.3}Fe^{3+}_{18.7}Fe^{2+}_{0.9}O_{40}$，命名为 SFCA-II，其与 SFCA 同系且结构相同，铁含量位于 SFCA 和 SFCA-I 之间。如图 2.25 所示，SFCA-II 也属于三斜晶系，其中 $a=10.338$Å，$b=10.482$Å，$c=17.939$Å，$\alpha=90.384°$，$\beta=89.770°$，$\gamma=109.398°$。SFCA-II 在其结构中包含两个交替层，第一个由八面体壁组成，每个壁为 5 个八面体宽；第二个是连续层，由连续四面体(T)的单个带组成，交替分离"翼八面体"的单(W)带和双(2W)带，其晶体结构如图 2.25 所示。Mumme 等[22]还提出了 1290℃下通过熔剂生长法在 $CaO-Al_2O_3-Fe_2O_3$ 体系中形成的无硅-SFCA 型 $Ca_2Al_5Fe_7O_{20}$。由于 SFCA-II 暂未在工业烧结过程中发现，因此，学者并未对其进行更深入的研究。图 2.26 所示为不同类型 SFCA 在 $CaO-Fe_2O_3-Al_2O_3$ 相图中的位置。1998 年，Mumme 等[22]报道了高铁低硅型的复合铁酸钙 SFCA-I 的晶体结构，统一化学式为 $M_{20}O_{28}$，组成为 $Ca_{3.18}Fe^{3+}_{14.66}AlFe^{2+}_{0.82}O_{28}$，工业烧结矿中的 SFCA-I 包含 84%的 Fe_2O_3、13%的 CaO、1% 的 SiO_2 和 2%的 Al_2O_3，呈板状，也称针状或者树枝状。Sasaki 等[23]和 Hida 等[24]认为 SFCA-I 结构的交错板状的特点给铁矿石带来了高强度及高还原性，SFCA-I 的生成对获得高质量的烧结矿更为重要。晶体结构显示 SFCA-I 为先前研究的 SFCA($M_{14}O_{20}$)的高级同系物，一起形成同源系 $M_{14+6n}O_{20+8n}$ 的前两个成员($n=0,1$)。SFCA-I 也为三斜晶系，$a=10.43$Å，$b=10.61$Å，$c=11.84$Å，$\alpha=94.14°$，$\beta=111.35°$，$\gamma=110.27°$，与 SFCA 一样也为双层结构：第一层由八面体壁组成，每个壁为 6 个八面体宽；第二层为连续层，由连续四面体的单个带组成，由"翼八面体"的双带交叠。在 SFCA-I 中，共有 3 个 Ca 八面体及 9 个 Fe 八面体，8 个 Fe 四面体位置被不同含量的 Al 取代,这种结构包括大量的无序阳离子。除 Fe^{3+} 外，SFCA 和 SFCA-I 都包含 Fe^{2+}，SFCA-I 包含大量的 Fe^{2+}，Fe^{2+} 扭曲了 Fe 八面体。与 SFCA 相比，SFCA-I 中的 Fe^{2+} 数量更多。另外，Mumme 等[22]还介绍了 β-CFF （$Ca_{2.99}Fe^{3+}_{14.30}Fe^{2+}_{0.55}O_{25}$）及无镁 SFCA（$Ca_{2.45}Fe^{3+}_{9.04}Fe^{2+}Al_{1.74}Si_{0.6}O_{20}$）的晶体结构。

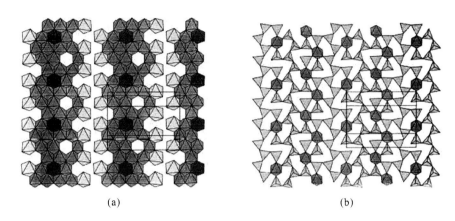

(a)   (b)

图 2.25   SFCA-II 的晶体结构

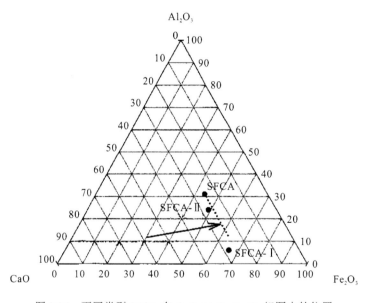

图 2.26   不同类型 SFCA 在 $CaO-Al_2O_3-Fe_2O_3$ 相图中的位置

2.7.3 复合铁酸钙（SFCA）的生成规律

Oluwadare[23]研究了 Al_2O_3 在 SFCA 形成中的作用，当烧结温度低于 1300℃ 且烧结时间较短时，Al_2O_3 并不是 SFCA 生成所必需的。当烧结时间较长且温度较高时，Al_2O_3 则是必然存在的。Al_2O_3 的作用主要体现在对凝固前的熔体性质尤其是黏度的影响上。Al_2O_3

有利于 SFCA 在熔体中的生成，否则它将不会析出(高温及长时间烧结)，因为它增大了黏度。Li 等[24, 26]在 N_2 条件下研究了 Al_2O_3 在烧结矿中的分布及其对烧结矿平衡相的影响。结果表明，在烧结平衡相中，原料中的 Al_2O_3 大部分存在于 SFCA 相中。SFCA 相随着 Al_2O_3 的增加而增加。同时，磁铁矿的含量明显减少。烧结矿中的 Al_2O_3 含量从 1.5%增加到 3%，SFCA 的化学成分变化明显，化学式从 7.7CaO·13.6Fe_2O_3·Al_2O_3·3.4SiO_2 变为 4.8CaO·11.4Fe_2O_3·Al_2O_3·2SiO_2。

Hsieh 等[25]研究了烧结条件对烧结矿形貌的影响。减小体系中的氧分压，烧结矿中的磁铁矿含量增加，赤铁矿含量减小。在低温低氧分压烧结时，铁酸钙含量减小，在较高的温度及高氧分压烧结时，铁酸钙转变为赤铁矿和硅酸盐熔体。因此，适中的氧分压 (5×10^{-3}atm①)能产生更多的铁酸钙。烧结矿在空气中冷却时，磁铁矿可能与硅酸盐熔体和氧反应生成铁酸钙或者重新被氧化成赤铁矿。Hsieh 等[25]后来研究了氧分压对熔剂型铁矿石烧结的影响，发现赤铁矿和熔剂发生反应，在 1180℃下可以生成针状铁酸钙；随着温度的升高，晶粒尺寸变大并变为磁铁矿和硅酸盐熔体，进一步证实了之前的推测；在冷却阶段，磁铁矿与硅酸盐熔体和氧在适中的氧分压下(约 1×10^{-2}atm)反应生成铁酸钙。在较高的氧分压下(5×10^{-2}atm)，磁铁矿被重新氧化为赤铁矿。在烧结的加热阶段，当氧分压较高时(大于 5×10^{-3}atm)，可能从磁铁矿中产生针状铁酸钙。在加热过程中，铁酸钙从针状转变为柱状再到不规则形状。铁酸钙在冷却阶段的晶体大小随着温度的降低和时间的增加而增大；在加热阶段，赤铁矿与熔剂反应生成的铁酸钙以硅和铝部分替代铁酸半钙(CF_2)的形式存在。从磁铁矿生成的铁酸钙的成分取决于硅酸盐熔体中 SiO_2 和 CaO 与磁铁矿反应的数量。

研究了碱度(B=CaO/SiO_2)对 SFCA 和 SFCA-I 生成的影响。结果显示，将碱度从 2.48 增加到 4.94，SFCA-I 的热稳定性区间从约 170℃(B=2.48)增加到约 270℃(B=4.94)。碱度从 2.48 增加到 4.94，混合物中 SFCA-I 的含量从18%增加到25%，改变碱度并不影响 SFCA-I 的生成机理。但是，SFCA 的生成量受到了影响，随着碱度增加，SFCA 的生成量减小，进而导致分解生成的 Fe_3O_4 的数量减少。当碱度为 2.48 和 3.96 时，SFCA-I 的分解量与大量额外的 SFCA 的生成量一致，这意味着 SFCA-I 分解生成了 SFCA，但是在碱度为 4.95 时，SFCA 生成量则很少。

2.8　Fe_2O_3-CaO-Al_2O_3-SiO_2-MgO 体系

Tazuddin 等[29]利用实验方法研究了 CaO-SiO_2-Al_2O_3-Fe_2O_3-MgO 体系的相平衡关系及各氧化物对体系的影响，结果如图 2.27 所示。高温下存在于此体系中的相为硅酸三钙(C_3S)、硅酸二钙(C_2S)、铝酸三钙(C_3A)、铁酸二钙(C_2F)及液相。在 CaO-SiO_2-Al_2O_3-Fe_2O_3-MgO 五元体系中，C_2F 先生成，接着 Al_2O_3 固溶进 C_2F，其产物表示为 C_2(A,F)或 C_2($A_{1-x}F_x$)。随着 Al_2O_3 固溶在 C_2F 中，过量的 Al_2O_3 与 CaO 反应生成 C_3A。液相的形成主要由 Fe_2O_3 和 Al_2O_3 控制，二者减少了体系中的 C_3S，增加了 C_2S 的量。并且，C_2F 和

————————————————

① 1atm=1.01325×10^{5}Pa.

C_3A 的量取决于体系中 Fe_2O_3 及 Al_2O_3 的百分比。与 Fe_2O_3 相比，Al_2O_3 能更有效增加液相量。增加 CaO 对于液相、C_2F 及 C_3A 的影响不大，但过量的 CaO 会与 C_2S 反应使 C_3S 的量增加，C_2S 的量减少。当体系中 Fe_2O_3 的量增加时，大量 CaO 被消耗，生成 C_3S 的 CaO 的量减少，则 C_3S 减少，C_2S 的量增加。与 CaO 相似，增加 SiO_2 对 C_3A、C_2F 及液相的生成影响不大，但是对 C_3S 的生成有一定影响。增加 MgO 可以降低 C_2F 及 C_3A 的熔点，不超过 1.5% 的 MgO 在液相中可溶，随着 MgO 的增加，初始液相生成温度降低，随着 Mg^{2+} 不断溶解进入液相，液相量增加。同时，MgO 也能溶解进入 C_3S，从而增加 C_3S 的量。当 MgO 的量超过 1.5% 会形成高熔点尖晶石物相析出。

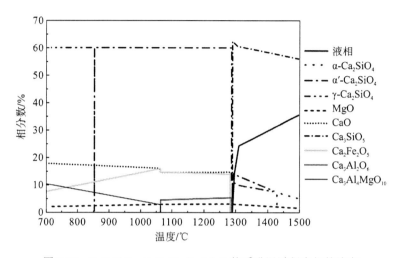

图 2.27　CaO-SiO_2-Al_2O_3-Fe_2O_3-MgO 体系升温过程中相的演变

Oluwadare[23] 研究了 MgO 在 SFCA 形成中的作用，当烧结温度低于 1300℃且烧结时间较短时，MgO 并不有利于 SFCA 的生成。MgO 的作用主要体现在它对凝固前的熔体性质尤其是黏度的影响上，MgO 的加入降低了熔体的黏度，因此有利于 SFCA 的生成。Patrick 等[18] 利用高温原位 XRD 研究了烧结体系中烧结矿成分与烧结条件的关系。高温下少量的 MgO 可以增加 SFCA-I 相的数量，MgO 的存在可以起到稳定 SFCA-I 结构的作用，使其在熔化前能承受一定的高温。提高碱度似乎和 MgO 一样，使 SFCA-I 在高温下稳定存在。

Kazumasa 等[30] 提出的两种富 Mg 的 SFCAM 相晶体结构为 $Ca_2(Ca_{0.10}Mg_{1.20}Fe_{5.55}Si_{1.50}Al_{3.65})O_{20}$（三斜晶系 P1，$a$=8.848(1)Å，$b$=9.812(1)Å，$c$=10.403(1)Å，$\alpha$=64.35(1)°，$\beta$=84.19(1)°，$\gamma$=66.27(1)°，$V$=742.4(1)Å^3，$Z$=2）和 $Ca_2(Mg_{2.00}Fe_{4.45}Si_{2.15}Al_{3.40})O_{20}$（三斜晶系 P1，$a$=8.928(2)Å，$b$=9.823(2)Å，$c$=10.389(1)Å，$\alpha$=64.41(1)°，$\beta$=83.90(1)°，$\gamma$=65.69(1)°，$V$=746.0(2)Å^3，$Z$=2）。图 2.28 所示为 SFCAM 结构沿 c 轴的投影，显示了相互交错的八面体和四面体层，其由 7 种氧八面体和 6 种氧四面体与 Ca 的两种单顶八面体组成。图 2.29 所示为 SFCAM 详细的八面体和四面体层。八面体层由八面体壁组成，平行于 c 轴，具有 7 个坐标的 Ca 多面体（单顶八面体）的突出壁边缘。相邻的八面体壁与单顶八面体的角直接相连，如 Ca8-Ca9 和 Ca9-Ca9。四面体层的四面体在 Ca8 和 Ca9 多面体的上方和下方，它们的顶点指向八面体层，基面顶点与 Ca8 和 Ca9 多面体共享。四面体层由四面体的翼

状链组成，其由 M1 和 M2 的两个八面体位置交连。链条趋向平行于 c 轴，并且单链中的所有四面体的顶点指向均相似，相邻链的顶点方向则相反。SFCAM 与三斜闪石组之间的主要结构差异在于八面体层的多面体连接。如图 2.29 所示，M1、M2、M3 和 M4 的八面体位置被 Fe^{3+}、Al^{3+} 和 Mg^{2+} 的组合占据，即氧的八面体位被 Fe、Mg 和 Al 占据。M5 和 M6 较大的平均距离排斥了 Al^{3+} 占据这些位置，因此，具有相对大离子半径的 Ca^{2+}、Mg^{2+} 和 Fe^{2+} 更容易占据这些位置。T3、T5 和 T6 位置由 Fe^{3+} 和 Al^{3+} 共同占据。Mg^{2+} 广泛集中在 M5 和 M6 八面体，Si^{4+} 则在 T1、T2 和 T4 四面体上，即氧的四面体位被 Fe、Al、Si 占据，如图 2.30 所示。四面体 Si^{4+} 的位置对应于八面体 Mg^{2+}，Mg^{2+} 和 Si^{4+} 的耦合取代被认为是控制 SiO_2 溶解度的基本原则。Al^{3+} 在八面体位的分布是 SFCAM 结构的特点。这种新引入的 Al^{3+} 八面体容易被认为是通过产生结晶板（如铝质透辉石）来促进 Al_2O_3 组分在 SFCAM 相中的溶解。

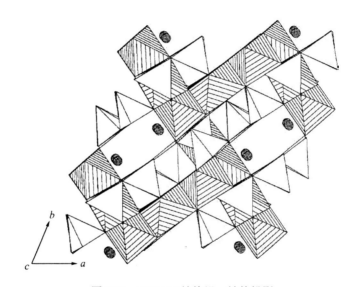

图 2.28　SFCAM 结构沿 c 轴的投影

显示了相互交错的八面体和四面体层，阴影的圆圈表示八面体层的 Ca 原子

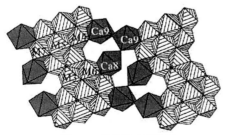

(a)沿[1 1 0]堆叠的八面体层

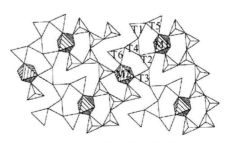

(b)沿[1 1 0]堆叠的四面体层

图 2.29　SFCAM 结构的多面体表示

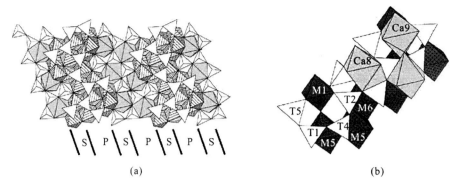

(a)   (b)

图 2-30 SFCAM 结构的原子分布

参 考 文 献

[1] Yagi T, Marumo F and Akimoto S. Crystal Structures of Spinel Polymorphs of Fe_2SiO_4 and Ni_2SiO_4. American Mineralogist: Journal of Earth and Planetary Materials, 1974, 59(5-6): 486-490.

[2] Ding J P, Li D Y and Fu P Q. X-ray powder structural analysis of the spinel polymorph of Fe_2SiO_4. Powder Diffraction, 1990, 5(4): 221-222.

[3] Cheng S Y, Shevchenko M, Peter C, et al. Experimental phase equilibria studies in the FeO-Fe_2O_3-CaO-SiO_2 system and the subsystems CaO-SiO_2, FeO-Fe_2O_3-SiO_2 in air. Metallurgical and Materials Transactions B, 2021, 52(3): 1891-1914.

[4] Hidayat T, Shishin D, Sergei A, et al. Thermodynamic optimization of the Ca-Fe-O system. Metallurgical and Materials Transactions B, 2016, 47(1): 256-281.

[5] Hirabayashi D, Yoshikawa T, Kazuhiro M, et al. Formation of brownmillerite type calcium ferrite ($Ca_2Fe_2O_5$) and catalytic properties in propylene combustion. Catalysis Letters, 2006, 110(1-2): 155-160.

[6] Jeon J W, Jung S M and Sasaki Y. Formation of calcium ferrites under controlled oxygen potentials at 1273 K. ISIJ International, 2010, 50(8): 1064-1070.

[7] Webster N A S, Pownceby M I. Silico-ferrite of calcium and aluminum (SFCA) iron ore sinter bonding phases: new insights into their formation during heating and cooling. Metallurgical and Materials Transactions B, 2012, 43(6): 1344-1357.

[8] Shevchenko M and Jak E. Experimental study and thermodynamic optimization of the ZnO-FeO-Fe_2O_3-CaO-SiO_2 system. Calphad, 2020, 71: 102-110.

[9] Cheng S, Shevchenko M, Hayes P C, et al. Experimental Phase Equilibria Studies in the FeO-Fe_2O_3-CaO-SiO_2 System in Air: Results for the Iron-Rich Region. Metallurgical and Materials Transactions B, 2021, 52(3): 1891-1914.

[10] Chen J, Cheng S, Shevchenko M, et al. Investigation of the Thermodynamic Stability of C (A, F) 3 Solid Solution in the FeO-Fe_2O_3-CaO-Al_2O_3 System and SFCA Phase in the FeO-Fe_2O_3-CaO-SiO_2-Al_2O_3 System. Metallurgical and Materials Transactions B, 2021, 52(1): 517-527.

[11] Inoue K, Ikeda T. The solid solution state and the crystal structure of calcium ferrite formed in lime-fluxed iron ores. Tetsu-to-Hagané, 1982, 68(15): 2190-2199.

[12] Mumme W A. Note on the Relationship of $Ca_{2.3}Mg_{0.8}Al_{1.5}Si_{1.1}Fe_{8.3}O_{20}$ (SFCA) with Aenigmatite Group Minerals And Sapphirine. Neues Jahrbuch für Mineralogie, 1988, 35: 359-366.

[13] Dawson P R, Ostwald J, Hayes K M. Influence of alumina on development of complex calcium ferrites in iron ore sinters.

Transactions of the Institution of Mining and Metallurgy Section C, 1985, 94: 71-78.

[14] Hamilton J D G, Hoskins B F, Mumme W G, et al. The crystal structure and crystal chemistry of $Ca_{2.3}Mg_{0.8}Al_{1.5}Si_{1.1}Fe_{8.3}O_{20}$ (SFCA): solid solution limits and selected phase relationships of SFCA in the $SiO_2-Fe_2O_3-CaO(-Al_2O_3)$ system. Neues Jahrbuch für Mineralogie. Abhandlungen, 1989, 161: 1-26.

[15] Phillips B and Muan A. Phase Equilibria in the System CaO - Iron Oxide - SiO_2, in Air. Journal of the American Ceramic Society, 1959, 42(9): 413-423.

[16] 志全汪, 康佐々木, 悦章柏谷和邦宜石井. EPMA 走査面分析による焼結鉱中のカルシウムフェライト相の組成解析. 鉄と鋼 2000, 86(6): 370-374.

[17] Yajima Kohei and Jung Sung-Mo. Data Arrangement and Consideration of Evaluation Standard for Silico-Ferrite of Calcium and Alminum (SFCA) Phase in Sintering Process. ISIJ International, 2012, 52(3): 535-537.

[18] Murao R, Harano T, Kimura M, et al. Thermodynamic Modeling of the SFCA Phase $Ca_2(Fe, Ca)_6(Fe, Al, Si)_6O_{20}$. ISIJ International, 2018, 58(2): 259-266.

[19] Patrick T RC and Pownceby M I. Stability of Silico-ferrite of Calcium and Aluminum (SFCA) in Air-solid Solution Limits between 1240℃ and 1390℃ and Phase Relationships within The $Fe_2O_3-CaO-Al_2O_3-SiO_2$ (FCAS) System. Metallurgical and Materials Transactions B, 2002, 33(1): 79-89.

[20] Hancart J, Leroy V and Bragard A. A Study of the Phases Present in Blast Furnace Sinter. CNRM Metall. Report, 1967, 3-7.

[21] Liles D C, Villiers J P R de and Kahlenberg V. Refinement of Iron Ore Sinter Phases: a Silico-ferrite of Calcium and Aluminium (SFCA) and an Al-free SFC, and the Effect on Phase Quantification by X-ray Diffraction. Mineralogy and Petrology, 2016, 110(1): 141-147.

[22] Lister D H and Glasser F P. Phase Relations in The System $CaO-Al_2O_3$-Iron Oxide. Brit Ceram Soc Trans, 1967, 66: 293-305.

[23] Mumme W G, Neues J F. The Crystal Structure of SFCA-II, $Ca_{5.1}Al_{9.3}Fe_{18}^{3+}Fe_{0.9}^{2+}O_{48}$ a New Homologue of The Aenigmatite Structure-type, and Structure Refinement of SFCA-type, $Ca_2Al_5Fe_7O_{20}$. Mineralogie-Abhandlungen, 2003, 178(3): 307-335.

[24] Sasaki Y, Jeon J W, Jung S M. Formation of calcium ferrites under controlled oxygen potentials at 1273 K. ISIJ International, 2010, 50(8): 1064-1070.

[25] Hida Y, Okazaki J, ITO K, et al. Mechanism of the Formation of Acicular Calcium and Ferrite in Sintering ore Expansion and Advancement of Ironmaking Technology. Journal of the Japan iron and steel association, 1987, 73(15): 1893-1900.

[26] Oluwadare G O, Agbaje O. Corrosion of steels in steel reinforced concrete in cassava fuice. Journal of Applied Sciences, 2007, 7(17): 2474-2479.

[27] Li L S, Liu J B, Wu X G, et al. Influence of Al_2O_3 on equilibrium sinter phase in N_2 atmosphere. ISIJ International, 2010, 50(2): 327-329.

[28] Hsieh L H and Whiteman J A. Effect of oxygen potential on mineral formation in lime-fluxed iron ore sinter. ISIJ International, 1989, 29(8): 625-634.

[29] Webster N A S, Pownceby M I, Madsen I C, et al. In situ diffraction studies of iron ore sinter bonding phase formation: QPA considerations and pushing the limits of laboratory data collection. Powder Diffraction, 2014, 29(S1): S54-S58.

[30] Tazuddin, H N, Aiyer, et al. Phase equilibria studies of $CaO-SiO_2-Al_2O_3-Fe_2O_3-MgO$ system using CALPHAD. Calphad, 2018, 60: 116-125.

[31] Kazumasa S, Monkawa A and Sugiyama T. Crystal structure of the SFCAM phase $Ca_2(Ca, Fe, Mg, Al)_6(Fe, Al, Si)_6O_{20}$. ISIJ International, 2005, 45(4): 560-568.

第3章 复合铁酸钙高温物理性质

复合铁酸钙体系是一种熔渣体系。对于熔渣而言，其高温物理性质如黏度、密度、表面张力和电导率等性质对其制备和加工过程具有重要的意义。本章对其常见的高温物理性质进行了总结或利用理论模型进行了计算。

3.1 黏 度

黏度是流体在运动过程中，内部相邻各层间发生相对运动时内摩擦力大小的度量（图3.1）。一对平行板，面积为 A，相距 $\mathrm{d}y$，板间充满流体，上板施加一推力，形成一速度梯度 $\mathrm{d}u/\mathrm{d}y$，称为剪切速率，F/A 称为剪切应力，以 τ 表示。剪切速率与剪切应力成正比，其比例系数 η 即为流体黏度，即

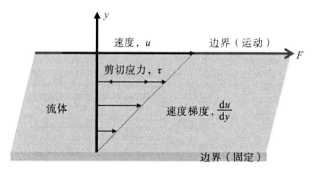

图 3.1 流体黏度定义图

$$\tau = \eta \frac{\mathrm{d}u}{\mathrm{d}y} \tag{3.1}$$

黏度的单位为帕·秒（Pa·s），或者为牛顿·秒/米^2（N·s/m^2）。对于均相体系的熔渣，决定其黏度的主要因素是成分及温度。黏度随温度变化的规律服从阿伦尼乌斯（Arrhenius）公式：

$$\eta = A\exp\left(\frac{E}{RT}\right) \tag{3.2}$$

式中，A 为指前系数；E 为黏滞活化能，kJ/mol；R 为摩尔气体常数，J/(mol·K)；T 为热力学温度，K。

高温下熔体的黏度测试方法有很多种，图3.2为实验室条件下常用的高温熔体黏度测试方法[1]。图3.2(a)为毛细管法，熔体黏度与毛细管直径、长度，以及单位时间内到达接收坩埚中熔渣的体积有关。这种方法适用于低熔点熔体的黏度测量，但由于很难获得足够长的恒温区，且对毛细管的材质要求较高，故在高温下很少使用。图3.2(b)为落球法，利用球体的

下降速度依据斯托克斯(Stokes)公式计算熔体黏度。如果已知球体和熔体的密度、球体的直径及下落速度，则很容易获得熔体黏度。然而，这些参数的获得有时不太容易，且球体的热膨胀对测量结果也有很大影响。图 3.2(c)为旋转柱体法，此时两个半径不同的同心柱体间充满待测熔体，为保持里面柱体的匀速转动，需要对其施加一个扭矩，黏度通过施加在测头上的扭矩确定。该方法由于操作相对简单且重复性高而被广泛使用。图 3.2(d)为振荡法，黏度通过振荡波的振幅和衰减周期确定。然而，该方法对设备要求较高且由于熔体表面张力和表面张力驱动的流动会导致测量误差的升高，适用于低黏度熔体的测量($10^{-5} \sim 10^{-2}$Pa·s)。

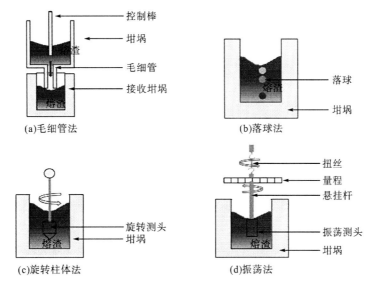

(a)毛细管法　　　　　　　(b)落球法

(c)旋转柱体法　　　　　　(d)振荡法

图 3.2　黏度测试方法[1]

图 3.3 为 CaO-Fe$_2$O$_3$ 体系 CaO 含量、温度与熔体黏度的关系[2-4]。在一定温度下，随着 CaO 含量的增加，黏度逐渐增大。随着温度的升高，熔体黏度降低，黏度与温度的关系满足 Arrhenius 公式，熔体黏滞活化能为 70~80kJ/mol。与 CaO-SiO$_2$、CaO-Al$_2$O$_3$、Al$_2$O$_3$-SiO$_2$ 体系的黏度相比(表 3.1)，CaO-Fe$_2$O$_3$ 体系的黏度要低 1~2 个数量级，即 CaO-Fe$_2$O$_3$ 体系的流动性更好。

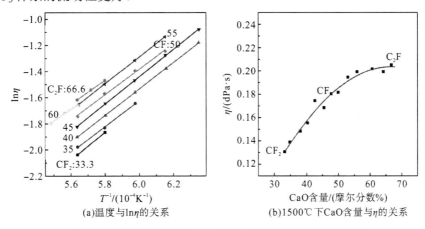

(a)温度与 lnη 的关系　　　　　　(b)1500℃下CaO含量与η的关系

图 3.3　CaO-Fe$_2$O$_3$ 体系 CaO 含量、温度与熔体黏度的关系

表3.1　不同二元体系的黏度

体系	$T/℃$	$\eta/(dPa·s)$	参考文献
CaO-SiO$_2$	1646	1.63	[5]
	1691	1.30	
	1765	0.94	
CaO-Al$_2$O$_3$	1700	3.55	[6]
	1800	1.12	
Al$_2$O$_3$-SiO$_2$	1853	3.59	[5]
	1882	3.04	
	1904	2.76	
CaO-Fe$_2$O$_3$	1400	0.24	[4]
	1450	0.21	
	1500	0.18	

由于 Fe_2O_3 是两性氧化物，其 Fe^{3+} 即可以位于四面体中心作为网络形成子[Fe^{3+}(4)]，也能作为网络修饰子形成六配位的八面体结构[Fe^{3+}(6)]。在形成四面体时为保持电荷平衡需要金属阳离子提供电荷补偿，在 $CaO-Fe_2O_3$ 体系中的电荷补偿子由 Ca^{2+} 充当。图 3.4 为 $CaO-Fe_2O_3$ 体系中各离子和氧的相对含量[3]。由于氧化还原反应，Fe^{2+} 与 Fe^{3+} 存在平衡且 Fe^{2+} 的含量随着 CaO 含量的增加而降低，而 Fe^{2+} 作为网络结构的修饰子能降低体系的黏度。另外，$CaO-Fe_2O_3$ 体系中，当 CaO 摩尔分数小于 70% 时，Fe^{3+}(4)含量随着 CaO 含量的增加而增加，Fe^{3+} 形成的四配位 FeO_4^{5-} 复合阴离子团含量增加，$CaO-Fe_2O_3$ 体系黏度升高。

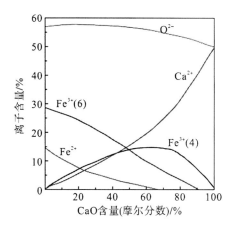

图 3.4　$CaO-Fe_2O_3$ 体系中离子和氧的含量[3]

在烧结过程中，铁酸钙中溶解的 SiO_2、Al_2O_3、MgO 等组分对体系的黏度有着不同程度的影响。图 3.5 为上述氧化物对 $CaO-Fe_2O_3$ 体系黏度(FactSage 计算)的影响。由图 3.5 可见，随着 SiO_2、Al_2O_3、MgO 含量的增加，$CaO-Fe_2O_3$ 体系黏度逐渐增加，且该黏度增加的幅度与添加氧化物的酸性成正比。SiO_2 是常见的酸性氧化物,能够单独形成网络结构。硅氧复合阴离子 $(Si_xO_y^{z-})$ 是硅酸盐渣系中主要的复合阴离子。它的基本结构单元是 SiO_4^{4-},称为正硅酸离子,为正四面体结构,中心 Si^{4+} 位于由 O^{2-} 密集成的四面体空隙内。这些四面体通过顶角的 O^{2-} 与其他四面体连接,因为各四面体中的 Si^{4+} 的静电势很大,只有通过顶角而不是棱或面来连接才能有最大间距,使斥力最小,从而达到稳定的聚合。熔体中的 SiO_4^{4-} 四面体越多, SiO_4^{4-} 的结构越复杂,由点、线、面,发展到三维网络结构,导致熔体的黏度增加。Al_2O_3 为两性氧化物,与 Fe_2O_3 相似,在形成 AlO_4^{5-} 四面体时也需要金属阳离子来进行电荷补偿以保持电荷平衡。铝硅酸熔体黏度的测量结果显示,当 Al/M 比值(Al_2O_3 的摩尔分数与碱性氧化物 MO 的摩尔分数之比)小于 1.0 时,所有的碱性氧化物的金属阳离子作为 AlO_4^{5-} 四面体的电荷补偿子,Al_2O_3 作为酸性氧化物增加熔体的黏度。MgO 为碱性氧化物,与 CaO 类似,体系中 Fe^{3+}(4) 含量随着 MgO 含量的增加而增加,CaO-Fe_2O_3 体系黏度升高。

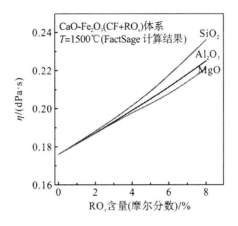

图 3.5　RO_x 含量对 CaO-Fe_2O_3 体系黏度的影响

在铁矿石烧结过程中,烧结固结主要是依靠在加热过程中低熔点物相产生部分液相,然后液相会对周围未熔固相产生浸润、反应、黏结成块,是一种液相烧结。烧结过程中初始液相产生,液相与固相相互作用,对烧结成块过程有着重要影响,同化过程是其核心。铁矿粉的同化性指铁矿粉与 CaO 的反应能力,是低熔点物相产生液相的基础,表征其在烧结过程中生成液相的难易程度,同化性越好,越容易产生液相。铁矿粉具有合适的同化性,利于增加低熔点液相生成量,进而会降低液相黏度。反过来,烧结过程中液相的性质对铁矿粉同化性有着重要影响,液相的黏度决定了液相的流动性,流动性好液相铺展能力强,固相溶解及液相渗透性好,有利于铁矿石烧结的同化过程。合适的液相流动性会增大“有效黏结范围”,更多的未熔散料会被黏结,那么烧结过程液-固固结强度会得到提高,进而提高烧结矿强度;另外,该类型的黏结相会使烧结矿形成一种微孔海绵状结构的有效固结,得到高质量烧结矿。但是液相流动性不宜过高,否则会导致黏结层厚度减薄,形成薄壁大孔型结构,造成烧结矿整体变脆,烧结矿强度低。

3.2　密　　度

单位体积内物质的质量称为物质的密度。无论常温还是高温，获取准确的密度对于生产实践和理论研究都具有重要意义。岛礁等[7]通过固相反应获得了均质铁酸钙，并测量了其在常温下的真密度，如表 3.2 所示。三种铁酸钙单晶的 X 射线衍射研究表明，C_2F 具有斜方晶系结构，晶格参数：a=0.532nm、b=1.463nm、c=0.558nm，晶胞为 $4Ca_2Fe_2O_5$，与 $4CaO \cdot Al_2O_3 \cdot Fe_2O_3$ 属于类质同象。$CaO \cdot Fe_2O_3$ 属于斜方晶系，晶格参数：a=0.923nm、b=1.0705nm、c=0.3024nm，晶胞为 $4CaFe_2O_4$，铁周围结合氧，形成变形八面体，Ca 与 9 个氧离子结合，其结构与 $CaTi_2O_4$ 和 CaV_2O_4 类质同象；$CaO \cdot 2Fe_2O_3$ 的晶体结构属于六方晶系。

表 3.2　不同二元体系的密度

项目	CF_2	CF	C_2F
密度/(g/cm³)	4.325	4.603	4.475

在高温下熔体密度常用的测量方法有比重法、浮力法、最大气泡压力法、坐滴法及悬滴法。比重法是根据熔体在已知体积的容器中的质量确定熔体密度，需要注意的是必须考虑容器的热膨胀。浮力法是根据已知体积的测头在熔体中所受浮力来确定熔体密度，该方法操作相对简单。最大气泡压力法通过毛细管在不同深度下的最大气泡压力，既能测量熔体密度，也能测量熔体的表面张力。坐滴法及悬滴法是通过测量已知质量的熔体在高温下的熔滴尺寸，进而获得其体积来确定熔体密度，计算机和软件的进步大大提高了这类通过熔滴尺寸计算密度方法的准确性。

氧化物熔体的密度为 $(2.80 \sim 5.00) \times 10^3 kg/m^3$，渣系的密度与温度及氧化物的种类有关。一般来说，FeO、Fe_2O_3 等密度大 $[(5.24 \sim 5.70) \times 10^3 kg/m^3]$ 的组分含量高，则熔体的密度大；CaO、SiO_2、Al_2O_3 和 MgO 等密度小 $[(2.65 \sim 3.50) \times 10^3 kg/m^3]$ 的组分含量高，则熔体的密度小。但熔体的密度不服从组分密度的加和规则，因为组分之间可能引起熔体内某些有序态改变的化学键出现，从而改变了熔体的密度。图 3.6 为 CaO-Fe_2O_3 体系 CaO 含量、温度与熔体密度的关系[8]。密度为 $(3.40 \sim 4.10) \times 10^3 kg/m^3$，且随着 CaO 含量的增加，熔体密度降低。熔体密度与温度呈线性关系，由斜率可以发现铁酸钙熔体的热膨胀系数随着 CaO 含量的增加而降低。对于溶解的 SiO_2、Al_2O_3、MgO 等组分对铁酸钙熔体密度的影响，可根据熔体密度的经验公式[式(3.3)]来计算，如图 3.7 所示，随着 SiO_2、Al_2O_3、MgO 含量的增加，CaO-Fe_2O_3 体系密度逐渐降低。

$$\begin{cases} V = \sum(X_i V_i) \\ \rho = M / V \end{cases} \tag{3.3}$$

式中，V 为熔体的摩尔体积，cm^3/mol；X_i 为各氧化物的摩尔分数；V_i 为各氧化物的摩尔体积，cm^3/mol；M 为熔渣的摩尔质量，g/mol。各氧化物的摩尔体积 V_i 在 1500℃时的值如下：CaO=20.7，Fe_2O_3=15.8，MgO=16.1，SiO_2=$(19.55+7.97\,X_{SiO_2})$，Al_2O_3=$(28.3+32\,X_{Al_2O_3}$
$-31.45\,X^2_{Al_2O_3})$。

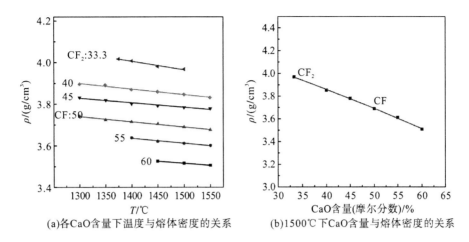

(a)各CaO含量下温度与熔体密度的关系　　　　(b)1500℃下CaO含量与熔体密度的关系

图 3.6　CaO-Fe_2O_3 体系 CaO 含量、温度与熔体密度的关系

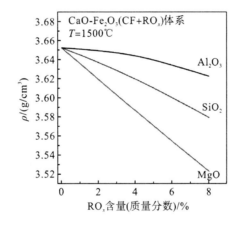

图 3.7　RO_x 含量对 CaO-Fe_2O_3 体系密度的影响

3.3　表　面　张　力

　　熔体的表面张力对界面反应有很重要的影响。此外，它对多相反应机理及相界面结构的研究也有重要意义。表面张力的物理意义可理解为生成单位面积的液相与气相的新交界面所消耗的能量。纯氧化物的表面张力在 300～600mN/m（熔点附近温度）范围内，主要与离子间作用力有关。氧化物的表面主要被氧离子占据，因为氧离子的半径比阳离子的半径大，所以在形成熔渣时，炉渣的表面张力主要取决于表面氧离子与邻近阳离子的作用，而表面上富集的为力场较弱的组分。因此，阳离子静电势 (Z/r) 大而离子键分数又高的氧化物有较高的表面张力。Ca^{2+}、Mg^{2+}、Al^{3+}离子静电势依次增加，但它们的离子键分数依次减小，综合表现为它们的表面张力值相近似；Si^{4+}虽然静电势很高，但其离子键分数低，

形成了共价键大、静电势小的络离子，所以其表面张力较小。

高温下熔体表面张力常用的测量方法很多，如最大气泡压力法、坐滴法、悬滴法、悬浮法、拉环法及吊片法[2, 9]。其中，坐滴法、悬滴法和悬浮法都是通过测量熔滴的几何形状，根据熔滴形状和杨-拉普拉斯(Young-Laplace)方程确定熔滴的表面张力。拉环法和吊片法是通过测定环或吊片脱离熔体表面时所需与表面张力相抗衡的最大拉力，根据力的平衡确定熔体表面张力。最大气泡压力法是通过测量浸入待测高温熔体中毛细管端形成气泡的压力，当气泡形状达到半球形时，气泡的曲率半径和毛细管半径相等，此时的曲率半径为最小值，气泡的压力最大，根据最大压力和 Young-Laplace 方程计算熔体的表面张力。

图 3.8 为 CaO-Fe$_2$O$_3$ 体系 CaO 含量、温度与熔体表面张力的关系[8]。表面张力为 610～640mN/m，随着 CaO 含量的增加，熔体表面张力增加，且温度对表面张力的影响较小。当氧化物形成熔体时，熔体的表面张力将随着表面张力小的组分的加入而不断降低。对于CaO-Fe$_2$O$_3$ 体系，MgO、Al$_2$O$_3$ 与 CaO 类似，它们的加入将使得熔体表面张力增大；SiO$_2$的加入则能显著降低熔体的表面张力。在简单的阴离子中，O^{2-} 比 F$^-$、S^{2-} 有更大的静电势，所以 F$^-$、S^{2-} 能从表面排走 O^{2-}，因而它们作为表面活性物，如 CaF$_2$、FeS 等，能有效降低熔体的表面张力。

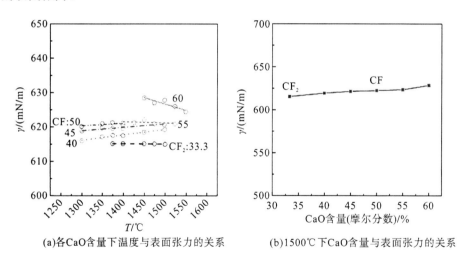

(a)各CaO含量下温度与表面张力的关系   (b)1500℃下CaO含量与表面张力的关系

图 3.8   CaO-Fe$_2$O$_3$ 体系 CaO 含量、温度与熔体表面张力的关系[8]

3.4 电 导 率

高温熔渣熔体有明显的导电性，充分表现出熔渣的离子本性，研究熔渣的电导率 κ 有助于对熔体结构的理解。熔渣导电性是其中的离子在外电场作用下定向输送电量的性质。在硅酸盐渣系中，参与导电的主要为结构简单的阳离子和阴离子，而且往往以一种电性的离子为主参与导电。高温下熔体电导率常用的测量方法主要有双电极法和四电极法，两种方法电源选择都有直流和交流两类[2]。其中，交流四电极法不仅可以消除导线和电极本身电阻带来的不利影响，而且可以最大限度地减少极化现象的产生，精确度较高。

　　图 3.9 为 CaO-Fe$_2$O$_3$ 体系 CaO 含量、温度与熔体电导率的关系[3]。随着温度的升高，熔体电导率增加，电导率与温度的关系满足 Arrhenius 公式，得到熔体电导活化能为 90～130kJ/mol；在温度一定时，随着 CaO 含量的增加，熔体电导率降低。一方面，熔体电导率与黏度成反比，CaO 含量的增加导致 CaO-Fe$_2$O$_3$ 体系的黏度增加；另一方面，Fe^{2+} 浓度降低，电子导电能力下降。在 CaO-Fe$_2$O$_3$ 体系中，由于 Fe^{3+} 与 Fe^{2+} 的平衡，拥有自由电子，因此在这类熔体中是电子-离子共同导电的混合体系。与 CaO-SiO$_2$、CaO-Al$_2$O$_3$ 体系的电导率相比(表 3.3)，CaO-Fe$_2$O$_3$ 体系的电导率要高 1～3 个数量级，即 CaO-Fe$_2$O$_3$ 体系具有更强的导电能力。由于 SiO$_2$、Al$_2$O$_3$、MgO 含量的增加会减弱电子导电机制，而增强离子导电机制，因此 CaO-Fe$_2$O$_3$ 体系电导率会降低。

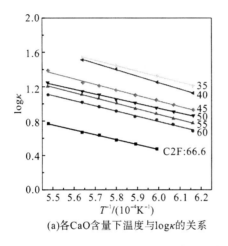
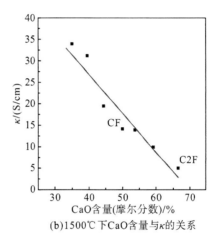

(a)各CaO含量下温度与logκ的关系　　　　　(b)1500℃下CaO含量与κ的关系

图 3.9　CaO-Fe$_2$O$_3$ 体系 CaO 含量、温度与熔体电导率的关系[3]

表 3.3　不同二元体系的电导率

体系	T/℃	κ/(S/cm)	参考文献
CaO-SiO$_2$	1600	0.39	[2]
CaO-Al$_2$O$_3$	1600	1.12	[2]
CaO-Fe$_2$O$_3$	1400	8.95	[4]
	1450	11.20	
	1500	13.96	

参 考 文 献

[1] Sohn I, Min D J. A Review of the Relationship between Viscosity and the Structure of Calcium-Silicate-Based Slags in Ironmaking. Steel Research International, 2012, 83(7): 611-630.

[2] Mills K. Slag Atlas. VDEh 2nd Edition, Verlag Stahleisen GmbH, Düsseldorf, 1995.

[3] Matano T, Sumita S, Morinaga K J, et al. Electrical Conductivity and Viscosity of Binary Molten Ferrite Systems. Journal of the Japan Institute of Metals, 1983, 47(1): 25-30.

[4] Sumita S, Morinaga K, Yanagase T. Physical Properties and Structure of Binary Ferrite Melts. Materials Transactions Jim, 2007,

24(1): 35-41.

[5] Urbain G, Bottinga Y, Richet P. Viscosity of liquid silica, silicates and alumino-silicates. Geochimica et Cosmochimica Acta, 1982, 46(6): 1061-1072.

[6] Urbain G. Cao-Al$_2$O$_3$ System Liquid Viscosity. Revue Internationale des Hautes Temperatures et des Refractaires, 1983, 20(2): 135-139.

[7] 小島鴻, 永野恭, 稲角忠, 等. 合成カルシウムフェライトの鉱物学的ならびに冶金的性状に関する研究. 鉄と鋼, 1969, 55(8): 669-681.

[8] Sumita S, Morinaga K J, Yanagase T. Density and Surface tension of Binary Ferrite Melts. Journal of the Japan Institute of Metals, 1983, 47(2): 127-131.

[9] Mills K, Hayashi M, Wang L, et al. Chapter 2. 2–The Structure and Properties of Silicate Slags. Treatise on Process Metallurgy Process Fundamentals, 2014.

第4章　铁酸钙的形成过程与影响因素

铁酸钙是熔剂型烧结矿的核心黏结相,铁酸钙的形成先后经历了固相反应、液相产生、固液相互作用和液相的凝固结晶。实际烧结生产中产生的铁酸钙由于溶解了 SiO_2 和 Al_2O_3 常被称作复合铁酸钙(SFCA),复合铁酸钙的形成过程相对复杂,其反应路径、结构和冶金性能一直是烧结领域的研究热点与重点。

4.1　铁酸钙的形成路径

铁酸钙(CF)和铁酸二钙(C_2F)相的形成规律是 $CaO\text{-}Fe_2O_3$ 体系研究早期的热门对象,但是对 CF_2 相的形成规律研究在 20 世纪 50 年代前是不甚明晰的。Sosman 等[1]于 1916 年首次给出了二元铁酸钙相的形成规律,但是并未说明 CF_2 的存在。随后,Tavasci[2]证实了 $CaO\text{-}Fe_2O_3$ 体系中 CF_2 的存在。Malquori 等[3]指出 CF_2 具有热稳定温度区间窄、易分解的特点。关于 CF_2 相稳定温度区间在 Edström[4]的研究中得到初步定论,即为 1120~1228℃;而 Batti[5]给出的热稳定温度区间为 1130~1230℃。最终,Phillips 等[6]在 1958 年给出了空气气氛下 $CaO\text{-}Fe_2O_3$ 体系完整的二元相图。C_2F 和 CF 都是可以稳定存在的二元铁酸钙系化合物,而 CF_2 只在 1155~1226℃稳定存在,温度超过 1226℃会重新形成液相和 Fe_2O_3,而在 1155℃以下会分解为 CF 和 Fe_2O_3,但是在长时间保温下会大大减弱其分解过程。Phillips 等的关于 CF_2 热稳定温度的区间与 Edström 等的结论有所差异。除了这三种最常见的二元铁酸钙类化合物,Braun 等[7]在 1960 年提出了 C_4F_7 二元铁酸钙类化合物,该物质在 $CaO\text{-}Fe_2O_3$ 体系中含有一定量 FeO 才会出现。Cirilli 等[8]完善了 $CaO\text{-}FeO_x$ 体系相图,并找到了以 C_2F 为基体且分别和 CaO、FeO 形成的新固溶体。

三元体系铁酸钙是形成多元复合铁酸钙的过渡体系,探究三元体系铁酸钙的形成路径显得尤为重要。中间态铁酸钙 $CaO\cdot FeO\cdot Fe_2O_3$(CWF)和 $CaO\cdot 3FeO\cdot Fe_2O_3$($CW_3F$)的存在最早于 1952 年被 Burdese[9]报道,并在随后近 30 年里,分别被 Edström[10]、Schurmann 等[11]和 Evrard 等[12]所证实。Evrard 等[12]在 1125℃下通过控制 H_2/H_2O 制备出 CW_2F。随后,含 FeO 型铁酸钙研究层见迭出。Holmquist[13]报道了 C_4WF_4 的存在,随后又发现了 C_3WF_7 和 C_4WF_7。Phillips 等[14]发现了 C_4WF_8,尽管后期发现 C_4WF_4、C_3WF_7、C_4WF_8 及 $C_{7.2}W_{0.8}F_{15}$ 为同一种物相。在 $CaO\text{-}Fe_2O_3\text{-}SiO_2$ 三元铁酸钙体系研究中早期认为 SiO_2 不会固溶进 CF 相中。Osborn 等[15]绘制了空气气氛下 $CaO\text{-}Fe_2O_3\text{-}SiO_2$ 体系在不同温度下的液相区图并给出了相应的结晶物相类型。Phillips 等[16]则分别测定了温度大于和小于 1155℃下 $CaO\text{-}Fe_2O_3\text{-}SiO_2$ 体系平衡物相分布。例如,在 5% SiO_2、$CaO/Fe_2O_3=1:1$ 的 $CaO\text{-}Fe_2O_3\text{-}SiO_2$ 体系中,平衡相包括 CF、C_2S 和 Fe_2O_3。Hamilton 等[17]在 1989 年发现了 SFC 三元固溶体,该相在 1067℃下开始形成且氧化性气氛会促进其进一步增加,随后 Pownceby 等[18]在 2000

年系统测定了 SiO_2 在 CF 相中的固溶质量分数及稳定存在温度区间。

Dayal 等[19]和 Lister 等[20]分别于 1965 年和 1967 年研究了 $CaO\text{-}Fe_2O_3\text{-}Al_2O_3$ 体系铁酸钙，在此过程中争议最大的是 T 相(ternary phase)化学组成，最终被认为是一种介于 $CaAl_6O_{10}(CA_3)$ 和 $CaFe_6O_{10}(CF_3)$ 成分之间的固溶体，即 $CaO\cdot 3(Fe, Al)_2O_3$。通过 Imlach 等[21]绘制的 $CaO\text{-}Fe_2O_3\text{-}Al_2O_3$ 体系相图可知：在 5% Al_2O_3、$CaO/Fe_2O_3=1:1$ 条件下，平衡相包括 CF、Fe_2O_3 和 T。Newkirk 等[22]在 1958 年绘制了 $C\text{-}CA\text{-}C_2F$ 伪三元相图。Hansen 等[23]给出了 CF-CA 体系下的结晶物相分布。

在实际烧结过程中，铁酸钙通常是一类由 Fe_2O_3、SiO_2、Al_2O_3 和 CaO 形成的复合型铁酸钙，通常用 SFCA 表示[24]。Coheur[25]给出了该物质的化学组成通式，即 $xFe_2O_3\cdot ySiO_2\cdot zAl_2O_3\cdot 5CaO$，其中 $x+y+z=12$。关于 SFCA 的化学成分组成，众多研究者给出了不同答案，见表 4.1。

表 4.1 不同研究者提出的 SFCA 化学成分组成 　　　　(单位：质量分数，%)

成分	Hancart 等[26]	Ahsan 等[27]	Whiteman 等[28]	Chaigneau[29]
Fe_2O_3	60~74	63~76	77	67~78
CaO	14~16	13~16	14	13~16
Al_2O_3	5~11	4~10	4	1~14
SiO_2	3~10	7~9	5	5~7

从二元体系铁酸钙到四元体系铁酸钙，SiO_2 和 Al_2O_3 进入铁酸钙中的形式是不同的，通常认为 SiO_2 是以化合形式而 Al_2O_3 以固溶形式。

Dawson[30]提出 SFCA 按以下步骤生成：在 $Fe_2O_3\text{-}SiO_2\text{-}Al_2O_3\text{-}CaO$ 体系中，1323~1423K 下生成 CF，在 1373~1423K 下生成 CA，并在 1373~1423K 下 CF 和 CA 固溶成铁铝酸一钙 $C(F, A)$，随后在 1473~1523K 下 $C(F, A)$ 和 Fe_2O_3 反应生成铁铝酸半钙 $C_2(F, A)$，$C_2(F, A)$ 和 SiO_2 在 1473~1523K 下生成 SFCA。

复合铁酸钙研究一直关注 SFCA 和 SFCA-I 的差异。前者指一种低 Fe 型复合铁酸钙，后者为富 Fe 低 Si 型复合铁酸钙。其中，SFCA 为较粗大的柱状结构，而 SFCA-I 为细小的针状铁酸钙，后者应该为烧结中更为青睐的物相。Webster 等[31]的研究表明当温度达到 1373K 时，SFCA-I 会以 SiO_2、Fe_2O_3 和 $C_2(F, A)$ 反应生成，当进一步升至 1433K 后，SFCA 会以 SiO_2、CF 和 CFA 反应生成。而在冷却过程中，SFCA-I 和 SFCA 相继析出。此外，该研究总结了在空气和还原气氛下 SFCA 和 SFCA-I 的生成路径。

还原气氛下：

$$CF+C_2(F,A)+Fe_3O_4+SiO_2 \longrightarrow CF_{AS} \tag{4.1}$$

其中，

$$CF_{AS}=71.6\%Fe_2O_3+24.1\%CaO+0.3\%SiO_2+2.4\%Al_2O_3 \tag{4.2}$$

空气气氛下：

$$Al_2O_3+Fe_2O_3+SiO_2+CF+SFCA\text{-}I \longrightarrow SFCA \tag{4.3}$$

$$Al_2O_3+Fe_2O_3+SiO_2+CFA+CF \longrightarrow SFCA\text{-}I \tag{4.4}$$

同样地，Scarlett 等[32]研究了 SFCA 和 SFCA-I 的形成路径和温度，如图 4.1 所示。

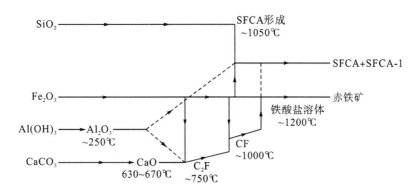

图 4.1 SFCA 和 SFCA-I 的形成路径和温度

4.2 铁酸钙形成热力学

Maede 等[33]、Jeon 等[34]从不同角度对铁酸钙形成过程进行了深入研究。Al_2O_3 和 SiO_2 都可增加铁酸钙的熔化速率、降低其形成温度，但 SiO_2 的作用更加显著，而 Al_2O_3 比 SiO_2 更能促进 Fe_2O_3 固溶进铁酸钙。在 1483K 以下，随着温度的升高，CaO 和 Fe_2O_3 生成铁酸钙的反应加强，而温度进一步提高后，随着 CF_2 的热分解，铁酸钙形成强度被削弱。在井上胜彦[35]的研究中发现，随着 SiO_2 含量的提高，铁酸钙形成量减少，这是 SiO_2 比 Fe_2O_3 与 CaO 亲和力更强的表现；而 CaO/SiO_2 提高后，铁酸钙形成量增大。Al_2O_3 促进铁酸钙形成，这是由于 Al_2O_3 与 CaO 形成的铝酸钙型物相可与铁酸钙形成固溶体以稳定其存在。此外，Al_2O_3 是形成针状复合铁酸钙的必要条件，可与 SiO_2 一起使得复合铁酸钙含量提高。从温度影响来看，低温条件下（<1433K），加入 SiO_2 和 Al_2O_3，铁酸钙形成量随反应时间的增加而增多；高温条件下（>1433K），加入 SiO_2 和 Al_2O_3，铁酸钙形成量在反应初期随反应时间的增加而增多，在反应后期随反应时间的增加而减少。

Pownceby 等[36]系统对比了 SFCA 和 SFCA-I 在铁矿石烧结条件下的化学成分组成（表 4.2）、形成温度和冶金性能，结果表明：在原料全铁含量<62%时，利于 SFCA 生成；当全铁含量为 62%~65%时，会生成 SFCA 和 SFCA-I 混合产物；当全铁含量为 65%~68%时，会促进 SFCA-I 生成。同时，该研究证明了烧结过程（1543~1573K）和球团焙烧（1523~1623K）在 1573K 下会同时利于 SFCA 和 SFCA-I 生成，当温度高于 1573K 时只会促进 SFCA 生成。SFCA-I 比 SFCA 具有更利于高炉生产的高强度和高还原性。铁酸钙的形貌与烧结温度和气氛紧密相关，通常烧结温度高且还原气氛强的物料体系更加利于形成磁铁矿和柱状铁酸钙，烧结温度低且氧化性气氛稍强会促进赤铁矿和针状铁酸钙的产生。

表 4.2 SFCA 和 SFCA-I 化学成分组成 （单位：质量分数，%）

物相	Fe_2O_3	CaO	Al_2O_3	SiO_2
SFCA	43.9~55.3	13.4~15.2	2.8~3.4	3.0~6.5
SFCA-I	82~84	12.8~13.6	2~4	0~1.7

我国铁矿石多以磁铁矿形式存在，化学成分中 Fe_2O_3 含量不高，在烧结矿的矿相特征中，多为 SFCA 和磁铁矿形成的交织熔蚀结构。促进 SFCA 尤其是针状 SFCA 的形成，控制烧结过程中氧化性条件非常重要，这是形成 SFCA 的必然要求。

4.3 铁酸钙形成动力学

肥田行博等[37]研究了在 1423K 和 1453K 下赤铁矿和 CaO 的焙烧行为,得到 CF 和 C_2F 形成层，并得出 CF 形成层厚度 L 与反应时间 t 平方根呈线性关系，论证了 CF 生成速度被扩散控制，如图 4.2 所示。Bergman[38]进一步证明 C_2F 和 CF_2 的形成层厚度与时间具有抛物线数学特点，即为扩散控速。郭兴敏[39]同样利用扩散偶法研究了 CaO-Fe_2O_3 体系铁酸钙形成动力学，最终证明二元体系铁酸钙形成层厚度和时间呈二次关系，且 CF、CF_2 和 C_2F 形成速率逐渐减小，形成速率满足 Jander 动力学方程，其反应的控速环节为铁酸钙层内的扩散，结果如图 4.3 所示。

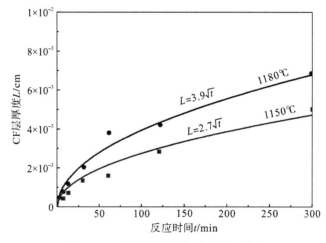

图 4.2　CF 层生成厚度与反应时间关系

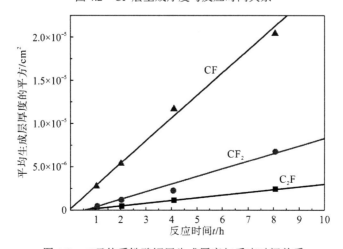

图 4.3　二元体系铁酸钙层生成厚度与反应时间关系

4.4　铁酸钙体系固相生成

笔者对铁酸钙体系固相反应规律进行了系统研究,其制备的铁酸钙样品(序号 1~13)的原料组成及其质量分数如表 4.3 所示,原料经机械混样机均匀混合 30min 后在压片机中压制成圆柱状试样(Φ10mm×10mm),而后将圆柱状试样置于硅钼加热炉(发热体 MoSi$_2$)中,从室温升至 1173K 并保温 60min 使得 CaCO$_3$ 充分分解为 CaO,随后继续升温至 1473K 且保温 20h 使各铁酸钙固相生成反应充分进行。焙烧后样品经机械振磨和筛分得到粉状试样(过 200 目,<74μm)。

表 4.3　制备各铁酸钙样品的原料质量分数　　　(单位: 质量分数, %)

序号	样品	Fe$_2$O$_3$	CaCO$_3$	SiO$_2$	Al$_2$O$_3$	MgO
1	C$_2$F	44.44	55.56	—	—	—
2	CF	61.54	38.46	—	—	—
3	CF$_2$	76.19	23.81	—	—	—
4	Fe$_2$O$_3$	100	—	—	—	—
5	CF2S	60.31	37.69	2.00	—	—
6	CF4S	59.08	36.92	4.00	—	—
7	CF8S	56.62	35.38	8.00	—	—
8	CF2A	60.31	37.69	—	2.00	—
9	CF4A	59.08	36.92	—	4.00	—
10	CF8A	56.62	35.38	—	8.00	—
11	CF2M	60.31	37.69	—	—	2.00
12	CF4M	59.08	36.92	—	—	4.00
13	CF8M	56.62	35.38	—	—	8.00

注: 令体系 CaO/Fe$_2$O$_3$=1∶1, w(SiO$_2$)=2%简写为 CF2S,其他体系类推。

4.4.1　CaO-Fe$_2$O$_3$ 体系

通过对样品 1、样品 2 和样品 3 的 XRD 图谱与 C$_2$F、CF 和 CF$_2$ 标准图谱比较发现,相对应的衍射峰重合度高,且杂峰少,如图 4.4 所示。进一步通过 GSAS$^®$半定量分析发现,样品 1 和样品 2 中的 C$_2$F 和 CF 纯度达到 95%以上,CF$_2$ 由于其热不稳定性会部分分解成 CF 和 Fe$_2$O$_3$,而实际焙烧后样品中含有少量 CF 和 Fe$_2$O$_3$,这是由于在固相制备温度 1473K 下保温时间长,CF$_2$ 的分解过程会明显得到抑制。

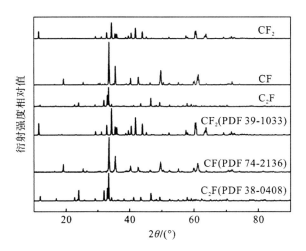

图 4.4　样品 1～样品 3 的 XRD 图谱与 C_2F、CF 和 CF_2 标准图谱

4.4.2　CaO-Fe$_2$O$_3$-SiO$_2$ 体系

CaO-Fe$_2$O$_3$-SiO$_2$ 三元体系铁酸钙 XRD 物相分析如图 4.5 所示，由图可知主要的物相组成为 CF、C$_2$S、Fe$_2$O$_3$、SFC 和 SiO$_2$，其中 SFC 相为 $3(CaO \cdot SiO_2) \cdot Fe_2O_3$。随着 SiO$_2$ 含量的增加，物相组成趋于复杂，从衍射峰相对强度的变化规律来看，CF 含量逐渐减少，SiO$_2$、C$_2$S、SFC 及 Fe$_2$O$_3$ 含量增加。值得注意的是，Fe$_2$O$_3$ 在 CF2S 和 CF4S 中增加并不明显，但是在 CF8S 中有比较明显的衍射峰强。通过 FactSage6.0® 绘制 CaO-Fe$_2$O$_3$-SiO$_2$ 三元相图(图 4.6)发现，CF2S 和 CF4S 平衡相组成主要是 CF 和 C$_2$S，而 CF8S 中相组成为 CF、C$_2$S 和 Fe$_2$O$_3$。故 CaO-Fe$_2$O$_3$-SiO$_2$ 三元体系铁酸钙发生的固相化学反应为：

$$Fe_2O_3 + CaO + SiO_2 \longrightarrow CaO \cdot Fe_2O_3 + 2CaO \cdot SiO_2 + 3(CaO \cdot SiO_2) \cdot Fe_2O_3 + Fe_2O_3 \quad (4.5)$$

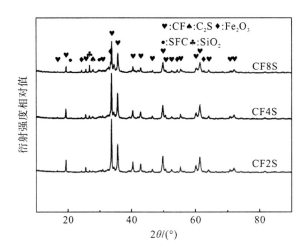

图 4.5　样品 5～样品 7 的 XRD 图谱(CF2S、CF4S 和 CF8S)

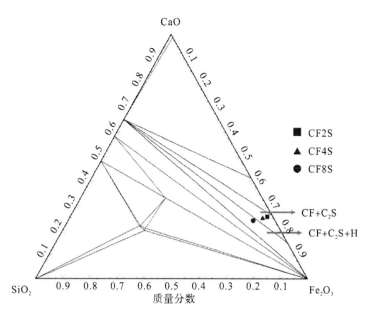

图 4.6　CaO-Fe$_2$O$_3$-SiO$_2$ 三元相图［1200℃，P=1.013atm，P(O$_2$)=0.21atm］

4.4.3　CaO-Fe$_2$O$_3$-Al$_2$O$_3$ 体系

CaO-Fe$_2$O$_3$-Al$_2$O$_3$ 三元体系铁酸钙 XRD 物相分析如图 4.7 所示，主要物相组成为 CF、C$_2$(A, F)（主要为 Ca$_2$Fe$_{1.4}$Al$_{0.6}$O$_5$）、C$_2$A 和 Fe$_2$O$_3$。随着 Al$_2$O$_3$ 含量的增加，CF 逐渐减少，C$_2$A、C$_2$(A, F) 和 Fe$_2$O$_3$ 逐渐增多。Al$_2$O$_3$ 在铁酸钙中起置换 Fe$_2$O$_3$ 的作用，但置换的本体是 C$_2$F，会形成 C$_2$(A, F) 型化合物，其中 Fe 和 Al 原子个数比为 1.4∶0.6，当 Al$_2$O$_3$ 含量继续增加时，会形成 C$_2$A，并且体系中开始游离更多的 Fe$_2$O$_3$。故 CaO-Fe$_2$O$_3$-Al$_2$O$_3$ 三元体系铁酸钙发生的固相化学反应为：

$$CaO + Fe_2O_3 + Al_2O_3 \longrightarrow CaO\cdot Fe_2O_3 + 2CaO\cdot Al_2O_3 + C_2(A,F) + Fe_2O_3 \tag{4.6}$$

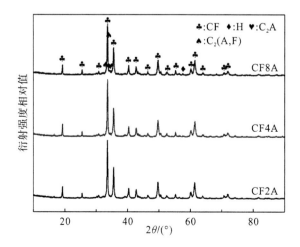

图 4.7　样品 8～样品 10 的 XRD 图谱（CF2A、CF4A 和 CF8A）

从 CaO-Fe₂O₃-Al₂O₃ 三元相图（图4.8）可知，在 CF2A 和 CF4A 中平衡物相主要是 CF、C₂F、CF₂ 及其 Al 置换 Fe 后的产物，在 CF8A 中 CF 及其 Al 置换 Fe 后的产物减少，CF₂ 及其 Al 置换 Fe 后的产物增加，但是由于 CF₂ 及其 Al 置换 Fe 后的产物易在随后分解出 CF 和 Fe₂O₃（和少量 Al₂O₃），故体系中游离的 Fe₂O₃ 会增多。

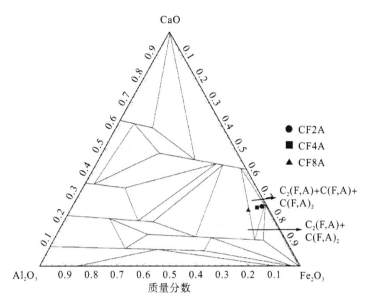

图 4.8　CaO-Fe₂O₃-Al₂O₃ 三元相图[1200℃，P=1.013atm，$P(O_2)$=0.21atm]

4.4.4　CaO-Fe₂O₃-MgO 体系

CaO-Fe₂O₃-MgO 三元体系铁酸钙 XRD 物相分析如图4.9所示，主要的物相组成为 CF、C₂F 和 MgFe₂O₄（MF）。随着 MgO 含量的增加，CF 含量逐渐减少，C₂F 和 MF 含量逐渐增加。MgO 未固溶进入 CF，而是与 Fe₂O₃ 反应生成 MF，由于样品初始 $n(CaO)$：$n(Fe_2O_3)$=1∶1，出现更多的 CaO，它会与 Fe₂O₃ 生成 C₂F。随着 MgO 含量的增加，对应的 C₂F 和 MF 衍射峰强逐渐增加，体系中 C₂F 和 MF 含量渐增，相对应 CF 含量逐渐减少。值得注意的是，C₂F 峰强增加比较均匀，而 MF 峰强在 CF8M 时增加非常明显，即 MF 含量在 CF8M 中增加很突出。故在 CaO-Fe₂O₃-MgO 三元体系铁酸钙中，主要发生以下固相化学反应：

$$CaO + Fe_2O_3 + MgO \longrightarrow CaO \cdot Fe_2O_3 + 2CaO \cdot Fe_2O_3 + MgO \cdot Fe_2O_3 \qquad (4.7)$$

从 CaO-Fe₂O₃-MgO 三元相图（图4.10）可知：CF2M 和 CF4M 中主要平衡物相为 CF、C₂F 和 MF，而 CF8M 中平衡物相出现了更多的 C₂F 和 MF，这也解释了在 XRD 物相分析中 CF8M 样品中的 C₂F 和 MF 比 CF2M 和 CF4M 中的含量明显增加的原因。

现总结固相制备下 CaO-Fe₂O₃-MgO 三元体系铁酸钙物相组成，如图4.11所示。

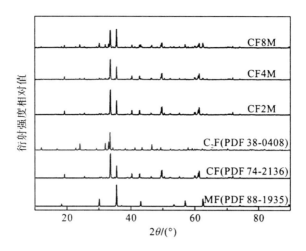

图 4.9　样品 11～样品 13 的 XRD 图谱（CF2M、CF4M 和 CF8M）

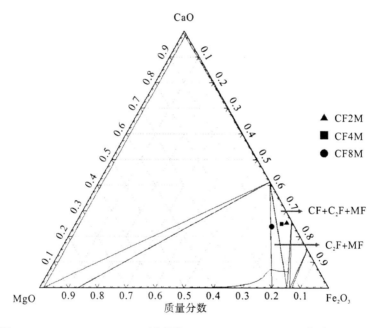

图 4.10　CaO-Fe_2O_3-MgO 三元相图［1200℃，P=1.013atm，$P(O_2)$=0.21atm］

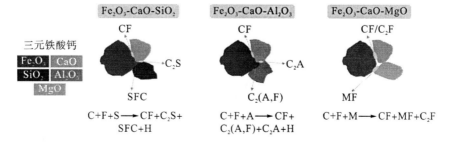

图 4.11　三元体系铁酸钙固相制备反应示意图

4.5 铁酸钙结晶过程

烧结过程中，液相冷却结晶过程是形成最终烧结矿物组成的重要环节。本节会针对二元和三元铁酸钙体系结晶过程进行热力学和动力学分析，以探究脉石成分对铁酸钙结晶过程的作用规律。

4.5.1 CaO-Fe₂O₃ 体系

CaO-Fe$_2$O$_3$（摩尔比 1∶1，C-F）体系结晶 DSC（dynamic stability control，动态稳定控制）曲线如图 4.12 所示。样品以速率 10K/min、15K/min、20K/min 和 25K/min 从 1573K 降至 1373K 时，依次产生三个主要放热峰。其中，放热峰 1 和放热峰 2 出现重峰，欲探究 C-F 体系结晶动力学问题，须对放热峰 1 和放热峰 2 进行分峰操作。严格来说，DSC 曲线不完全符合沿中轴线对称的特点，理论上并不契合高斯分峰特征。为了验证 DSC 曲线按照高斯分峰的合理性，选择某物质从室温以不同速率加热至 1573K 的 DSC 曲线，采用高斯规则进行拟合，如图 4.13 所示。结果表明，高斯规则拟合峰基本可以描述真实峰，拟合度可达 0.94 以上，若样品 DSC 曲线更加平直，则拟合效果更好。因此，对 DSC 重峰曲线进行高斯分峰是合理的。

放热峰 1 和放热峰 2 经高斯分峰可以得到各自独立峰，如图 4.14 所示。两个放热峰满足结晶 DSC 曲线基本规律：由于过冷度的存在，随着冷却速率的提高，结晶温度逐渐向低温偏移。为了研究 C-F 体系结晶 DSC 曲线出现的三个放热峰对应的物理化学变化，通过热力学计算软件 FactSage6.0®绘制 Fe$_2$O$_3$-CaO 二元相图，如图 4.15 所示。

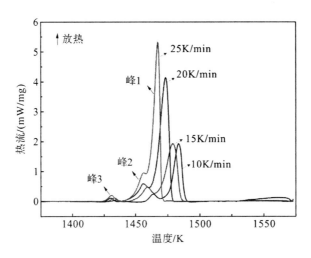

图 4.12 C-F 体系(1573～1373K)在冷却速率为 10K/min、15K/min、20K/min
和 25K/min 下的结晶 DSC 曲线

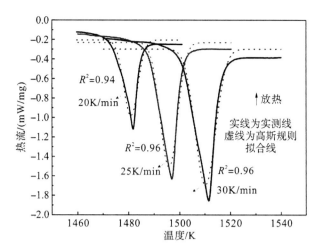

图 4.13　高斯规则应用于 DSC 曲线拟合

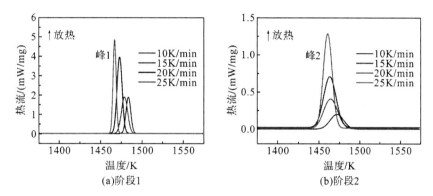

图 4.14　C-F 体系结晶阶段 1 和阶段 2 在降温速率为 10K/min、15K/min、20K/min

和 25K/min 下的 DSC 曲线

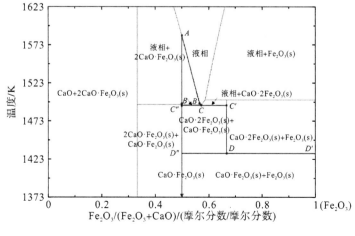

图 4.15　Fe_2O_3-CaO 二元相图

通过 Fe_2O_3-CaO 二元相图可知，液相冷却至 1373K 过程中，在温度区间 $A \sim B$，首先从液相中析出固相 C_2F，根据杠杆定律，析出的 C_2F 逐渐增多，液相沿液相线 AB' 进行，当冷却到 B' 点(1489K)时，液相与固相 C_2F 发生包晶反应生成固相 CF。在样品 CF 制备的 XRD 物相组成中，除了 95%的 CF 相，另有少量的 Fe_2O_3，这样使得包晶反应完成后，另有少量液相存在，这部分液相会沿 $B'C$ 继续冷却，到达 C 点(1478K)，剩余全部液相发生共晶反应生成固相 CF 和 CF_2，产生的 CF_2 在 D 点(1428K)分解成 CF 和 Fe_2O_3。至此，全部反应过程结束。

结合结晶峰 1、2 和 3 的 DSC 开始温度，可以判定结晶峰 1 对应固相 C_2F 的析出；结晶峰 2 对应液相和 C_2F 包晶反应生成 CF 过程；结晶峰 3 微弱，对应 CF_2 分解为 CF 和 Fe_2O_3 的过程。该体系的结晶过程及对应热分析放热峰如式(4.8)及图 4.16 所示。

$$\text{液相} \xrightarrow{\text{液固转变，结晶峰1}} 2CaO \cdot Fe_2O_3(s) + \text{液相}$$
$$\xrightarrow{\text{包晶反应，结晶峰2}} CaO \cdot Fe_2O_3(s,1) + \text{液相}$$
$$\xrightarrow{\text{共晶反应}} CaO \cdot Fe_2O_3(s,1) + CaO \cdot Fe_2O_3(s,2) + CaO \cdot 2Fe_2O_3(s) \qquad (4.8)$$
$$\xrightarrow{\text{共析反应，结晶峰3}} CaO \cdot Fe_2O_3(s,1) + CaO \cdot Fe_2O_3(s,2) + CaO \cdot Fe_2O_3(s,3) + Fe_2O_3(s)$$

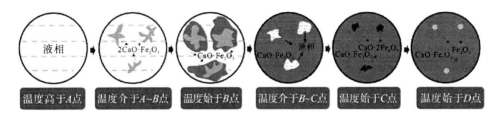

图 4.16 C-F 体系结晶过程示意图(1573~1373K)

Avrami 模型和 Mo 模型是研究晶体生长动力学的常用方法，这两个模型成功描述了共聚物、金属和矿物的结晶过程。本书将该系列模型应用在铁酸钙的结晶过程中。

1. Avrami 模型

热分析动力学研究的大趋势是逐渐从等温法过渡到非等温法。Avrami 模型最早便是在等温过程中推导并最终扩展到非等温过程中的。在冷却速率 β 一定时，结晶时间 t 可通过下式得到

$$t = \frac{T_0 - T}{|\beta|} \qquad (4.9)$$

图 4.17 为结晶峰 1 和峰 2 的转化率随时间变化图。由图可知随着降温速率的提高，结晶时间逐渐缩短，C_2F 的结晶速率明显快于 CF，就冷却速度 10K/min 而言，C_2F 结晶完成时间为 2min，而 CF 达到 11min。

Avrami 模型提出结晶转化率和结晶时间具有以下关系：

$$1 - \alpha(t) = \exp(-Kt^n) \qquad (4.10)$$

其中，$\alpha(t)$ 为 t 时刻对应的结晶转化率；K 为结晶速率常数；n 为生长系数。K 值的物理量单位随 n 值而变化。Avrami 模型总结了 n 值大小和晶体生长模式的关系，如表 4.4 所示。

即当 $n=1\sim2$ 时，晶体以纤维状生长；当 $n=2\sim3$ 时，晶体以片状生长；当 $n=3\sim4$ 时，晶体以枝状生长。

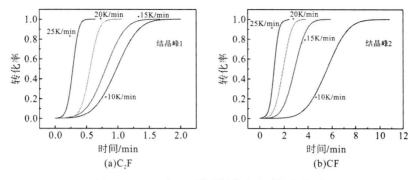

(a)C$_2$F　　　　　　　　　　　　　　(b)CF

图 4.17　C$_2$F 和 CF 结晶转化率随时间变化图

表 4.4　晶体生长模式和生长系数 n 的关系

n	生长模式
3～4	枝状
2～3	片状
1～2	纤维状

对式(4.10)等号两边取双自然对数，可得

$$\ln[-\ln(1-\alpha(t))] = \ln K + n\ln t \tag{4.11}$$

这样，n 可通过下式得到

$$n = \frac{d\ln[-\ln(1-\alpha(t))]}{d\ln t} \tag{4.12}$$

通过拟合直线截距可计算结晶速率常数。在 Avrami 模型中，非等温过程的结晶速率常数需要通过修正等温过程结晶速率常数而来，Jeziorny 提出非等温过程的修正速率常数(K_c)与等温过程的速率常数存在以下关系：

$$\ln K_c = \frac{\ln K}{|\beta|} \tag{4.13}$$

根据式(4.12)，求得结晶峰 1 和 2 的生长系数 n，如图 4.18 所示。

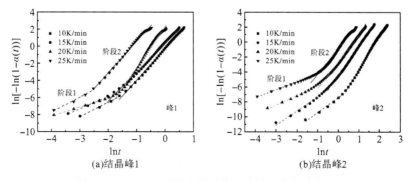

(a)结晶峰1　　　　　　　　　　　　　(b)结晶峰2

图 4.18　Avrami 模型中针对峰 1 和峰 2 的拟合曲线

通过图 4.18，可以得到 Avrami 模型中的晶体生长系数和结晶速率常数，如表 4.5 所示。由表 4.5 可知，通过 Avrami 模型对系数 n 的连续计算发现 C_2F（峰 1）或者 CF（峰 2）结晶过程具有明显的阶段转折性，即都包含 2 个结晶阶段。对 C_2F 而言，在结晶阶段 1 的系数 n 取 1～2，在结晶阶段 2 的系数 n 取 3～4，即 C_2F 在结晶过程前期以纤维状形式进行，在结晶过程后期以枝状形式进行。对 CF 而言，在结晶阶段 1 的系数 n 取 1～2，在结晶阶段 2 的系数 n 取 3～4，即 CF 在结晶过程前期以纤维状形式发生，在结晶过程后期以枝状形式发生。C_2F 和 CF 在结晶形式上是类似的。此外，对于 C_2F 和 CF，随着冷却速率的提高，结晶速率常数增大；在冷却速率一定时，C_2F 结晶速率常数大于 CF，如在冷却速率为 15K/min 时，两者速率常数分别取 0.82 和 0.70，从图 4.17 可知 C_2F 的结晶时间小于 CF，Avrami 模型的计算验证了该现象。

表 4.5　Avrami 模型中的晶体生长系数和结晶速率常数

(a) 峰 1

β/(K/min)	阶段 1			阶段 2		
	n	K_c	R^2	n	K_c	R^2
10	1.70	0.73	0.9887	3.71	0.97	0.9978
15	1.47	0.82	0.9932	3.42	1.02	0.9956
20	1.09	0.83	0.9905	3.75	1.12	0.9945
25	1.63	0.95	0.9879	4.17	1.18	0.9944

(b) 峰 2

β/(K/min)	阶段 1			阶段 2		
	n	K_c	R^2	n	K_c	R^2
10	2.01	0.48	0.9745	4.45	0.44	0.9983
15	1.92	0.70	0.9843	3.88	0.74	0.9989
20	1.34	0.80	0.9900	3.58	0.87	0.9969
25	1.05	0.88	0.9992	3.40	0.96	0.9874

2. Mo 模型

Ozawa 在 Avrami 模型基础上，结合 Evans 公式，提出了结晶转化率与结晶温度的关系式：

$$1 - \alpha(T) = \exp\left(-\frac{P(T)}{|\beta|^m}\right) \tag{4.14}$$

式中，$P(T)$ 为反映结晶生长速率的温度函数；系数 m 和 Avrami 模型中 n 类似，反映了晶体生长的模式。同样地，对式 (4.14) 等号两边取双自然对数，可得

$$\ln\left[-\ln(1 - \alpha(T))\right] = \ln P(T) - m\ln|\beta| \tag{4.15}$$

Mo 模型即是一种综合了 Avrami 模型和 Ozawa 模型的新思路。该模型建立的基础：Avrami 模型阐释了结晶转化率和时间的关系，Ozawa 模型表达了结晶转化率和温度的关系。在某一特定结晶时间下，必然有与其对应的结晶温度，即存在以下关系：

$$\ln\left[-\ln\left(1-\alpha\left(t\right)\right)\right]=\ln\left[-\ln\left(1-\alpha\left(T\right)\right)\right] \tag{4.16}$$

结合式(4.11)和式(4.15)，可得

$$\ln K + n\ln t = \ln P\left(T\right) - m\ln\left|\beta\right| \tag{4.17}$$

令

$$F\left(T\right)=\left(\frac{P\left(T\right)}{K}\right)^{\frac{1}{m}} \tag{4.18}$$

$$l=\frac{n}{m} \tag{4.19}$$

进一步可得

$$\ln\left|\beta\right|=\ln F\left(T\right)-\alpha\ln t \tag{4.20}$$

其中，$F(T)$ 为单位时间内达到特定结晶转化率时的冷却速率；α 为反应转化率。$F(T)$ 用来表示物质结晶速率的快慢，$F(T)$ 值越大，说明体系结晶速率越慢。选择 $\alpha(t)$ =0.2、0.4、0.6 和 0.8，确定 C_2F 和 CF 结晶过程中 4 种冷却速率对应的结晶时间，拟合在相同转化率、不同冷却速率下的数据点 $[\ln t, \ln\beta]$，l 和 $F(T)$ 可从拟合直线的斜率和截距计算得到，如图 4.19 所示。

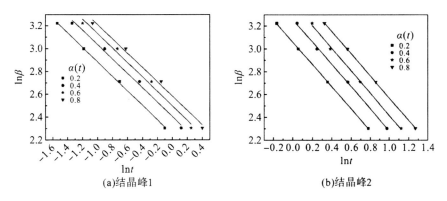

图 4.19　Mo 模型中针对结晶峰 1 和结晶峰 2 的拟合曲线

在相同的转化率下，C_2F 结晶过程的 $F(T)$ 值小于 CF 结晶，说明 C_2F 结晶需要较低的冷却速率才能达到特定的转化率，即 C_2F 的结晶速度快于 CF，这一结论与基于 Avrami 模型的分析结果相一致。C_2F 和 CF 结晶的 l 值分别为 0.63 和 0.97，且在不同冷却速率下几乎保持不变(表 4.6)。因此，n 和 m 之间存在一定的线性关系。

表 4.6　Mo 模型中峰 1 和峰 2 的动力学参数

$\alpha(t)$	峰 1			峰 2		
	$\ln F(T)$	l	R^2	$\ln F(T)$	l	R^2
0.2	2.24	0.63	0.9990	3.05	0.97	0.9998
0.4	2.40	0.63	0.9912	3.25	0.97	0.9986
0.6	2.49	0.64	0.9840	3.39	0.98	0.9972
0.8	2.58	0.63	0.9891	3.54	0.97	0.9898

3. 活化能

由图 4.12 可以得到不同冷却速率下结晶转化率和温度的关系，如表 4.7 所示。依据 Ozawa 法和 KAS 法，分别让 $\ln\beta$ 对 $1/T$，$\ln(\beta/T^2)$ 对 $1/T$ 线性回归，可得 α 为 0.1，0.2，…，0.9 时的结晶活化能，如表 4.8 所示。整体上看，C_2F 和 CF 的结晶活化能相当，但 CF 略大，说明 CF 结晶发生在 C_2F 后面。

表4.7　峰 1 和峰 2 在不同冷却速率下结晶转化率和温度的关系

α	温度/K							
	峰 1				峰 2			
	10K/min	15K/min	20K/min	25K/min	10K/min	15K/min	20K/min	25K/min
0.1	1486.96	1483.40	1476.73	1469.43	1481.91	1474.68	1473.22	1467.47
0.2	1485.70	1481.77	1475.39	1468.56	1478.34	1470.92	1469.51	1464.93
0.3	1484.82	1480.59	1474.43	1467.95	1475.77	1468.23	1466.92	1463.14
0.4	1484.05	1479.60	1473.62	1467.42	1473.55	1465.93	1464.77	1461.63
0.5	1483.32	1478.67	1472.88	1466.93	1471.5	1463.77	1462.73	1460.24
0.6	1482.61	1477.73	1472.13	1466.43	1469.44	1461.64	1460.74	1458.82
0.7	1481.83	1476.71	1471.30	1465.91	1467.22	1459.35	1458.55	1457.36
0.8	1480.94	1475.55	1470.32	1465.29	1464.65	1456.65	1455.92	1455.55
0.9	1479.67	1473.91	1469.01	1464.41	1461.06	1452.90	1452.14	1453.03

表4.8　峰 1 和峰 2 在不同结晶转化率(0.1～0.9)下的活化能 E_α　　　　（单位：kJ/mol）

	方法	0.1	0.2	0.3	0.4	0.5	0.6	0.7	0.8	0.9	均值
峰 1	Ozawa 法	−291	−322	−344	−364	−382	−400	−421	−442	−473	−382
	KAS 法	−360	−392	−416	−436	−456	−474	−496	−519	−551	−455
	方法	0.1	0.2	0.3	0.4	0.5	0.6	0.7	0.8	0.9	均值
峰 2	Ozawa 法	−282	−331	−362	−387	−403	−413	−420	−404	−362	−374
	KAS 法	−384	−436	−468	−495	−512	−522	−530	−513	−468	−481

4. 模式函数

根据 Malek 法，将不同冷却速率下的实验数据 $[\alpha_i, T_i, (d\alpha/dt)_i]$（$i=1, 2, \cdots, j$），$\alpha_{0.5}$，$T_{0.5}$，$(d\alpha/dt)_{0.5}]$ 代入到 Malek 方程，得到一系列数据点 $(\alpha_i, y(\alpha_i))$（$i=1, 2, \cdots, j$），再把数据点插入 41 种模式函数绘制的标准曲线中，本次实验数据取 $\alpha=0.1, 0.2, \cdots, 0.9$，结果如图 4.20 所示。

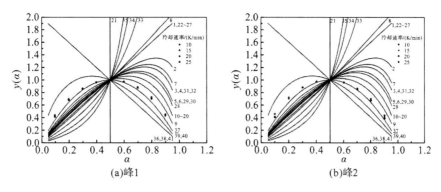

图 4.20   Malek 法分析

由图 4.20 可知，实验数据点与 37 号函数吻合得很好，因此 37 号函数即为描述 C_2F 和 CF 结晶过程的模式函数，其函数的微分式为

$$f(\alpha) = (1-\alpha)^2 \tag{4.21}$$

积分式为

$$G(\alpha) = (1-\alpha)^{-1} - 1 \tag{4.22}$$

37 号函数为二级化学反应机理，C_2F 和 CF 结晶机理一致。

5．指前因子

根据不同冷却速率下等转化率求得的活化能值和模式函数微分式，最终可以得到峰 1 和峰 2 在 Ozawa 法和 KAS 法下 $\ln A$ 值分别为-27.05min^{-1}、-27.55min^{-1} 和-33.00min^{-1}、-36.34min^{-1}，如表 4.9 所示。

表 4.9   峰 1 和峰 2 在 Ozawa 法和 KAS 法下不同冷却速率对应的指前因子 $\ln A$

(a) Qzawa 法

α	$\ln A$/min^{-1}							
	峰 1				峰 2			
	10K/min	15K/min	20K/min	25K/min	10K/min	15K/min	20K/min	25K/min
0.1	−31.00	−30.94	−30.41	−30.12	−31.43	−31.23	−30.78	−30.53
0.2	−30.09	−30.03	−29.46	−29.20	−30.58	−30.37	−29.84	−29.56
0.3	−29.35	−29.30	−28.71	−28.45	−29.89	−29.68	−29.13	−28.83
0.4	−28.64	−28.60	−27.99	−27.72	−29.22	−29.01	−28.46	−28.15
0.5	−27.89	−27.85	−27.24	−26.96	−28.50	−28.30	−27.74	−27.42
0.6	−27.04	−27.01	−26.39	−26.10	−27.69	−27.48	−26.93	−26.59
0.7	−26.01	−25.98	−25.37	−25.06	−26.68	−26.49	−25.94	−25.59
0.8	−24.63	−24.61	−23.99	−23.66	−25.33	−25.13	−24.62	−24.24
0.9	−22.35	−22.34	−21.73	−21.37	−23.10	−22.91	−22.48	−22.02
均值	−27.05				−27.55			

(b) KAS 法

α	$\ln A/\text{min}^{-1}$							
	峰 1				峰 2			
	10K/min	15K/min	20K/min	25K/min	10K/min	15K/min	20K/min	25K/min
0.1	−36.91	−36.86	−36.35	−36.10	−40.12	−39.96	−39.52	−39.31
0.2	−36.00	−35.96	−35.41	−35.18	−39.29	−39.13	−38.61	−38.36
0.3	−35.27	−35.24	−34.66	−34.43	−38.62	−38.45	−37.92	−37.64
0.4	−34.56	−34.53	−33.95	−33.71	−37.96	−37.79	−37.25	−36.96
0.5	−33.81	−33.79	−33.20	−32.95	−37.26	−37.10	−36.55	−36.24
0.6	−32.97	−32.95	−32.36	−32.09	−36.45	−36.30	−35.75	−35.43
0.7	−31.94	−31.93	−31.34	−31.05	−35.46	−35.31	−34.77	−34.43
0.8	−30.56	−30.56	−29.96	−29.65	−34.13	−33.98	−33.46	−33.09
0.9	−28.29	−28.29	−27.71	−27.37	−31.92	−31.78	−31.35	−30.89
均值	−33.00				−36.34			

将活化能、模式函数和指前因子代入非等温动力学基本方程，可以得到 C_2F 和 CF 在 Ozawa 法下的结晶动力学方程，分别为

$$\ln\frac{\mathrm{d}\alpha}{\mathrm{d}T} = -27.05 - \ln\beta + \frac{382\,380}{RT} + \ln(1-\alpha)^2 \tag{4.23}$$

$$\ln\frac{\mathrm{d}\alpha}{\mathrm{d}T} = -27.55 - \ln\beta + \frac{373\,830}{RT} + \ln(1-\alpha)^2 \tag{4.24}$$

在 DSC 曲线中，反应过程焓变可以通过热流曲线和基线围成的面积来定量描述，即

$$\Delta H_{\mathrm{m}} = \frac{S}{\beta} \tag{4.25}$$

式中，ΔH_{m} 为单位质量焓变，J/g；S 为所求解过程热流曲线和基线围成的面积，mW·K/mg。

表 4.10 为不同冷却速率下 C_2F 和 CF 结晶过程单位质量焓变。

表 4.10 不同冷却速率下 C_2F 和 CF 结晶过程单位质量焓变 （单位：J/g）

	10K/min	15K/min	20K/min	25K/min
峰 1	−80.34	−70.13	−88.36	−56.15
峰 2	−22.2	−34.44	−45.48	−43.80

反应物的摩尔质量 n 可以通过该物质实际焓变和标准生成摩尔焓变的比值得到，即

$$n = \frac{\Delta H_{\mathrm{m}} \cdot m}{\Delta H_0} \tag{4.26}$$

式中，m 为反应体系物质的总质量，g；ΔH_0 为该物质的标准生成摩尔焓变，J/mol。由 FactSage6.0® 计算可知 C_2F 和 CF 的 ΔH_0 分别为 −557.25kJ/mol 和 −1228.7kJ/mol。定义 n_0 为 C_2F 和 CF 的摩尔质量比值。求得不同冷却速率下 C_2F 和 CF 的摩尔质量比值，如图 4.21 所示，表明提高冷却速率，更利于 CF 结晶。

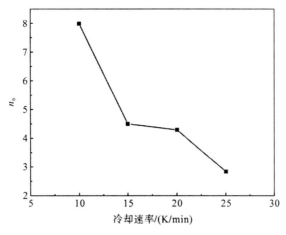

图 4.21　不同冷却速率下 $n_0(C_2F/CF)$

当温度从 1573K 迅速降到 1323K、1273K 和 1223K 时，可以看作该温度下的等温结晶过程。在动力学基本方程中，等温结晶速率常数 k 可以用 C 表示，即

$$\frac{d\alpha}{dt} = C \cdot (1-\alpha)^2 \tag{4.27}$$

变换为

$$\frac{d\alpha}{(1-\alpha)^2} = C \cdot dt \tag{4.28}$$

式 (4.28) 等号两边分别对转化率和时间积分，可得

$$\int_0^\alpha \frac{d\alpha}{(1-\alpha)^2} = \int_0^t C \cdot dt \tag{4.29}$$

进一步化简可知：

$$\alpha = 1 - \frac{1}{C \cdot t} \tag{4.30}$$

这样可得 1323K、1273K 和 1223K 下快速冷却的结晶转化率和时间的关系，如图 4.22 所示，可知结晶温度越低，等温结晶时间越短。

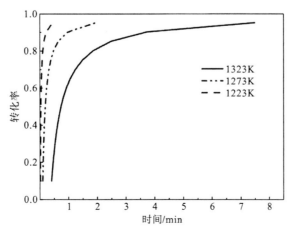

图 4.22　1323K、1273K 和 1223K 下快速冷却结晶转化率和时间的关系

4.5.2　CaO-Fe₂O₃-SiO₂ 体系

1. 加入 2% SiO₂（质量分数）

CF2S 体系结晶 DSC 放热曲线如图 4.23 所示。从二元体系到三元体系，由于成分复杂，为了使得各结晶峰尽可能显现，三元体系采用了冷却速率更慢的 5K/min。与 C-F 体系结晶过程类似，CF2S 样品亦出现了两个重叠的放热峰，在高斯规则下对其进行分峰操作，得到结晶峰 1 和结晶峰 2，如图 4.24 所示。可以看出，随着冷却速率提高，结晶峰 1 逐渐由细长型变成宽矮型，而结晶峰 2 刚好相反，峰型逐渐扩大。

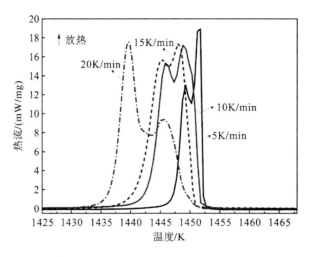

图 4.23　CF2S 体系(1573~1373K)在冷却速率为 5K/min、10K/min、15K/min 和 20K/min 时的结晶 DSC 曲线

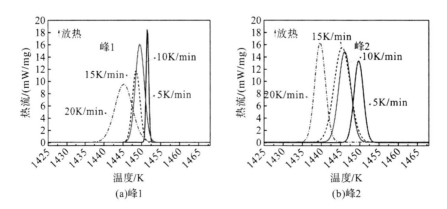

图 4.24　CF2S 放热峰在冷却速率为 10K/min、15K/min、20K/min 和 25K/min 下的 DSC 曲线

比较不同速率下 CF2S 和 CF 体系的初始结晶温度，如表 4.11 所示。结果表明在 CaO-Fe₂O₃-SiO₂ 三元体系中加入 2% SiO₂ 可明显降低开始结晶温度，如在 10K/min 冷却速率下，对 CF 和 CF2S 体系而言，开始结晶温度分别为 1492K 和 1452K。

表 4.11　CF 和 CF2S 体系在不同冷却速率下开始结晶的温度　　　（单位：K）

样品	5K/min	10K/min	15K/min	20K/min	25K/min
CF	—	1492	1488	1480	1472
CF2S	1453	1452	1452	1451	—

通过 FactSage6.0®分析 CF2S 体系的平衡结晶过程为从 1573K 下降至 1535K 时，先从液相中析出初晶相 C_2S，随着温度降到 1481K，开始从液相中析出 C_2F，此时仍在析出 C_2S，当温度进一步降低到 1478K 时，液相与已经析出的 C_2S 和 C_2F 反应生成 CF，在温度达到 1478K 后，剩余液相全部析出，产生 C_2S、CF 和 CF_2，即

$$1573K \rightarrow 1535K：液相 \longrightarrow C_2S \tag{4.31}$$

$$1535K \rightarrow 1481K：液相 \longrightarrow C_2S + C_2F \tag{4.32}$$

$$1481K \rightarrow 1478K：液相 + C_2S + C_2F \longrightarrow CF \tag{4.33}$$

$$1478K 以下：液相 \longrightarrow C_2S + CF + CF_2 \tag{4.34}$$

而析出的 CF_2 由于不稳定，会随后分解为 CF 和 Fe_2O_3。假定 CF 和 CF2S 总质量为 100g，温度从 1573K 冷却至 1373K 后，二者物相变化随温度的变化规律如图 4.25 所示。相比于 C-F 体系，2% SiO_2 的加入降低了初晶相结晶温度，C-F 体系中初晶相 C_2F 结晶温度为 1578K，加入 2% SiO_2 后，CaO-Fe_2O_3-SiO_2 体系温度在 1547K 以上为液相，1547K 开始析出 C_2S，而 C_2F 直到 1535K 才开始结晶析出，即 2% SiO_2 会推迟 C_2F 的结晶过程。在 C-F 体系中，CF 析出温度为 1489K，加入 2% SiO_2 后，CF 析出温度为 1481K，同样地，CF 通过液相和 C_2F 包晶反应生成的过程也被推迟。综上所述，2% SiO_2 的 CaO-Fe_2O_3-SiO_2 体系与 C-F 体系结晶过程类似，SiO_2 降低了 C_2F 和 CF 结晶过程温度。CF2S 样品结晶 DSC 曲线中两放热峰主要对应 C_2F 和 CF 结晶阶段。

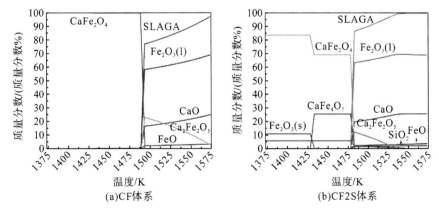

图 4.25　CF 体系和 CF2S 体系从 1573K 冷却至 1373K 时平衡结晶物相变化

1）活化能

依据 Ozawa 法，让 $\ln\beta$ 对 $1/T$ 线性回归，可得两放热峰在 α 为 0.1, 0.2, …, 0.9 时的结晶活化能，如表 4.12 所示。该体系中放热峰 1 对应的 C_2F 结晶和放热峰 2 对应的 CF 结晶活化能，与 CF 体系中两过程活化能值接近。

表 4.12   CF2S 体系结晶峰 1 和峰 2 在不同结晶转化率(0.1~0.9)下的活化能 E_a（单位：kJ/mol）

	0.1	0.2	0.3	0.4	0.5	0.6	0.7	0.8	0.9	均值
峰 1	−453	−436	−440	−406	−392	−373	−358	−347	−329	−393
峰 2	−450	−462	−431	−432	−417	−402	−394	−402	−382	−419

2）模式函数

根据 Malek 法，将两放热峰不同冷却速率下的实验数据 $[\alpha_i, T_i, (\mathrm{d}\alpha/\mathrm{d}t)_i$ $(i=1, 2, \cdots, j)$，$\alpha_{0.5}, T_{0.5}, (\mathrm{d}\alpha/\mathrm{d}t)_{0.5}]$ 代入 Malek 方程，得到一系列数据点 $(\alpha_i, y(\alpha_i))$ $(i=1, 2, \cdots, j)$，再把数据点插入 41 种模式函数绘制的标准曲线中，本次实验数据取 $\alpha=0.1, 0.2, \cdots, 0.9$，结果如图 4.26 所示。

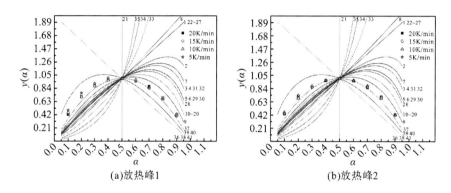

(a)放热峰1   (b)放热峰2

图 4.26   CF2S 体系结晶峰的 Malek 法分析

由图 4.26 可知，放热峰 1 和放热峰 2 对应的 C_2F 和 CF 结晶过程机理函数仍然是 37 号函数，即 $f(\alpha)=(1-\alpha)^2$，与 CF 体系相比，2% SiO_2 加入到 $CaO\text{-}Fe_2O_3\text{-}SiO_2$ 体系并未改变其析出机理。

2. 加入 4% SiO_2 和 8% SiO_2（质量分数）

CF2S、CF4S 和 CF8S 样品在冷却速率 15K/min 下结晶 DSC 放热曲线如图 4.27 所示。三者的初晶相析出温度逐渐提高，分别为 1452K、1455K 和 1477K。在峰型上，CF2S、CF4S 和 CF8S 样品分别呈现叠加双峰、单峰和独立双峰。

通过 FactSage6.0® 分析 CF4S 体系的结晶路径，如图 4.28 所示。温度从 1573K 下降到 1478K，液相中一直析出 C_2S，当温度进一步降低到 1478K 以下时，液相中析出 C_2S、CF 和 CF_2。与 CF2S 体系相比，CF4S 体系初晶相结晶温度更高，即 C_2S 在更高温度下析出，C_2S 析出温度区间宽，析出速率更快，此过程中未有 C_2F 析出，主要是由于 C_2S 析出带走了液相中更多的 CaO，即在 $CaO\text{-}Fe_2O_3\text{-}SiO_2$ 体系中加入 4% SiO_2 可跳过 C_2F 析出阶段。在此过程中 CF4S 体系平衡物相组成变化如下：

$$1573\mathrm{K} \rightarrow 1478\mathrm{K}：液相 \longrightarrow C_2S \tag{4.35}$$

$$1478\mathrm{K} \text{ 以下}：液相 \longrightarrow C_2S + CF + CF_2 \tag{4.36}$$

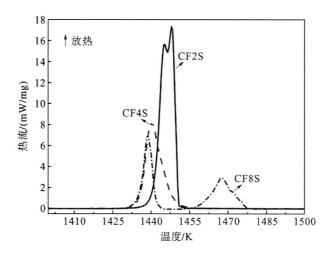

图 4.27　CF2S、CF4S 和 CF8S 在 15 K/min 下的 DSC 曲线

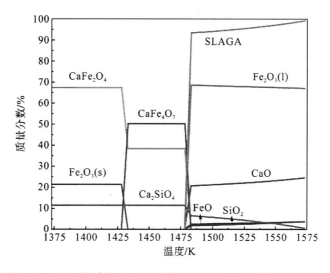

图 4.28　CF4S 体系从 1573K 下降到 1373K 时平衡结晶物相变化

　　CF8S 体系的平衡物相结晶路径如图 4.29 所示。温度从 1573K 下降到 1529K，CF8S 体系一直保持液相状态。当达到 1529K 以下时，开始从液相析出 Fe_2O_3(H)，且析出速率快。温度进一步降低到 1520K 时，便开始析出 C_2S，相比 CF4S 体系，析出速率更快，此时 SiO_2 消耗液相中的 CaO 更明显，这个期间 Fe_2O_3 仍在析出。当温度达到 1482K 以下时，剩余液相会和部分初晶相 Fe_2O_3 反应生成 C_2S 和 CF_2，CF_2 会在继续降温后分解为 CF 和 Fe_2O_3。与 CF2S 和 CF4S 相比：在 CaO-Fe_2O_3-SiO_2 体系中加入 8% SiO_2 会相继越过 C_2F 和 CF 析出阶段；析出相中有更多的 Fe_2O_3，包括初晶相 Fe_2O_3 和之后 CF_2 分解生成的 Fe_2O_3，在固定 100g 的 CF2S、CF4S 和 CF8S 体系中，最终理论析出 Fe_2O_3 质量分别为 11g、22g 和 43g。在此过程中 CF8S 体系平衡物相组成变化如下：

$$1529K \rightarrow 1520K：液相 \longrightarrow H \tag{4.37}$$

$$1520K \rightarrow 1482K: \quad 液相 \longrightarrow H + C_2S \qquad (4.38)$$

$$1482K \text{ 以下}: \quad 液相 + H \longrightarrow C_2S + CF_2 \qquad (4.39)$$

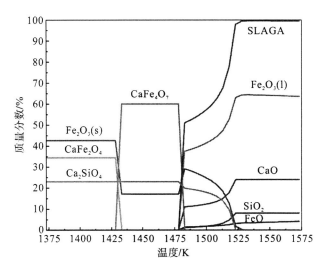

图 4.29　CF8S 体系从 1573K 下降到 1373K 时平衡结晶物相变化

综上所述，随着 SiO_2 含量在 $CaO\text{-}Fe_2O_3\text{-}SiO_2$ 体系中逐渐增加，C_2S 析出逐渐增强，液相中 CaO 含量逐渐减少，使得 CF4S 体系跳过 C_2F 析出过程而直接析出 CF 和 CF_2，而 CF8S 体系最先析出 Fe_2O_3，且随后跳过 C_2F 和 CF 析出而直接析出 CF_2。结合 CF4S 和 CF8S 体系结晶 DSC 曲线，对于 CF4S 而言，由于没有 C_2F 析出过程，加之 C_2S 析出过程较缓慢，因此 C_2S 析出过程与随后液相中直接析出 CF 和 CF_2 的过程叠加而出现放热单峰；对于 CF8S 而言，在 CF_2 析出前，出现了 Fe_2O_3 和 C_2S 析出过程，且析出量大（两过程析出总质量占体系 50%以上），故出现两独立结晶放热峰，其中放热峰 1 主要为 Fe_2O_3 和 C_2S 析出峰，放热峰 2 为 CF_2 析出峰。

4.5.3　$CaO\text{-}Fe_2O_3\text{-}Al_2O_3$ 体系

1. 加入 2% Al_2O_3（质量分数）

CF2A 体系结晶 DSC 放热曲线如图 4.30 所示。与 C-F 体系结晶过程不同的是，该体系结晶过程出现单放热峰。比较不同速率下 CF2A 和 C-F 体系的初始结晶温度，如表 4.13 所示。结果表明在 $CaO\text{-}Fe_2O_3\text{-}Al_2O_3$ 三元体系中加入 2% Al_2O_3 可明显降低开始结晶温度，如在 10K/min 冷却速率下，对 C-F 体系和 CF2A 体系而言，开始结晶温度分别为 1492K 和 1447K。值得注意的是，在冷却速率达到 20K/min 后，CF2A 开始结晶温度反而上升，这有可能与不同物相的竞争析出有关系，冷却速率提高会促进某些高熔点物相析出。

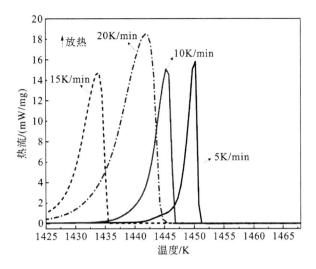

图 4.30　CF2A 体系(1573K 下降到 1373K)在冷却速率为 5K/min、10K/min、15K/min
和 20K/min 时的结晶 DSC 曲线

表 4.13　CF 和 CF2A 体系在不同冷却速率下开始结晶温度　　　　　　　(单位：K)

样品	5K/min	10K/min	15K/min	20K/min	25K/min
CF	—	1492	1488	1480	1472
CF2A	1451	1447	1435	1445	—

　　CF2A 体系的平衡物相结晶路径如图 4.31 所示。温度从 1573K 下降到 1566K，开始析出 $Ca_2(Al, Fe)_2O_5[C_2(A, F)]$ 相，由于 Al_2O_3 含量很少，该固溶体组分偏向于 C_2F，温度继续下降到 1473K 以下后，液相和初晶相 $C_2(A, F)$ 发生包晶反应生成 $Ca(Al, Fe)_2O_4[C(A, F)]$ 相。CF2A 体系结晶过程与 CF 体系相比，具有以下特点：初晶相析出温度更低，CF2A

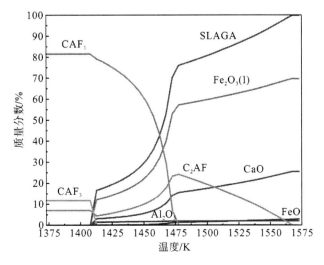

图 4.31　CF2A 体系从 1573K 下降到 1373K 时平衡结晶物相变化

体系为 1566K，CF 体系为 1578K；包晶反应温度下降，从 CF 体系的 1489K 下降到 CF2A 体系的 1473K；包晶反应进程平缓，在 CF 体系中，包晶反应持续时间极短，而在 CF2A 体系中，包晶反应缓慢进行，即 Al_2O_3 具有稳定 CF 析出的作用。在此过程中 CF2A 体系平衡物相组成变化如下：

$$1566K \rightarrow 1473K：液相 \longrightarrow C_2(A,F) \tag{4.40}$$

$$1473K 以下：液相 + C_2(A,F) \longrightarrow C(A,F) \tag{4.41}$$

在 CF2A 的 DSC 放热曲线上，与 C-F 体系相比，其只出现单峰。产生原因是在 C-F 体系中，包晶反应的急促进行使得 C_2F 和 CF 析出峰发生分离，而在 CF2A 体系中，由于 Al_2O_3 对 CF 析出具有稳定作用，因此 C_2F 和 CF 析出峰出现重峰现象。此外，CF2A 体系结晶放热峰具有明显的拖尾现象，这正是由 CF 渐慢析出导致的。

1）活化能

依据 Ozawa 法，让 $\ln\beta$ 对 $1/T$ 线性回归，可得 CF2A 体系在 α 为 0.1, 0.2, $\cdots$, 0.9 时的结晶活化能，如表 4.14 所示。由于该计算过程主要包含了 C_2F 和 CF 结晶过程，故总体表观活化能大于单步过程。

表 4.14　CF2A 体系在不同结晶转化率（0.1～0.9）下的活化能

α	0.1	0.2	0.3	0.4	0.5	0.6	0.7	0.8	0.9	均值
$E_a/(kJ/mol)$	−1050	−1027	−985	−971	−961	−939	−907	−884	−810	−948

2）模式函数

根据 Malek 法，将 CF2A 体系在不同冷却速率下的实验数据 $[\alpha_i, T_i, (d\alpha/dt)_i (i=1, 2, \cdots, j)$，$\alpha_{0.5}, T_{0.5}, (d\alpha/dt)_{0.5}]$ 代入 Malek 方程，得到一系列数据点 $(\alpha_i, y(\alpha_i))$ $(i=1, 2, \cdots, j)$，再把数据点插入 41 种模式函数绘制的标准曲线中，本次实验数据取 $\alpha=0.1, 0.2, \cdots, 0.9$，结果如图 4.32 所示。

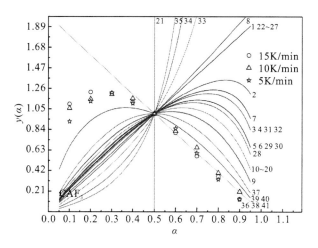

图 4.32　CF2A 体系的 Malek 法分析

由图 4.32 可知，CF2A 体系结晶过程机理函数在结晶前期偏向 39（或 40）号函数，到后期偏向 36（或 38、40）号函数。与 37 号函数类似，都为化学反应级数方程。

2. 加入 4% Al_2O_3 和 8% Al_2O_3（质量分数）

CF2A、CF4A 和 CF8A 样品在冷却速率 15K/min 下结晶 DSC 放热曲线如图 4.33 所示。三者的初晶相析出温度逐渐降低，分别为 1435K、1426K 和 1420K。在峰型上，CF2A、CF4A 和 CF8A 为单放热峰。

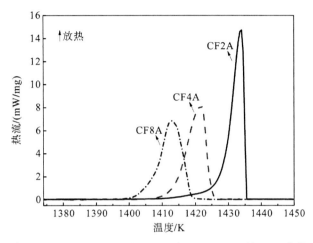

图 4.33　CF2A、CF4A 和 CF8A 在 15K/min 下的 DSC 曲线

CF4A 和 CF8A 体系的平衡物相结晶路径与 CF2A 类似，如图 4.34 所示。先析出 $C_2(A, F)$，后通过包晶反应生成 $C(A, F)$。然而，随着 $CaO-Fe_2O_3-Al_2O_3$ 三元体系中加入 Al_2O_3 含量逐渐提高，出现以下变化：初晶相析出温度更低，CF4A 和 CF8A 体系分别为 1554K 和 1528K；C_2F 和 CF 析出过程缓慢，CF4A 和 CF8A 体系中不论是 $C_2(A, F)$ 析出的液固转变还是 $C(A, F)$ 析出的包晶反应，进程都更加平缓，包晶反应温度分别被推迟到 1455K 和 1416K，即 Al_2O_3 在 $CaO-Fe_2O_3-Al_2O_3$ 三元体系结晶过程中有稳定 C_2F 和 CF 析出的作用。

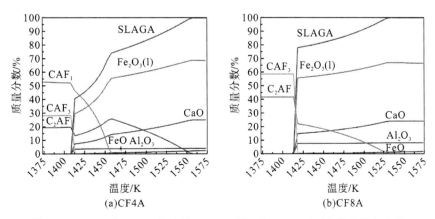

图 4.34　CF4A 和 CF8A 体系从 1573K 下降到 1373K 时平衡结晶物相变化

CF4A 体系平衡物相组成变化如下：

$$1554K \rightarrow 1455K: \quad 液相\longrightarrow C_2(A,F) \tag{4.42}$$

$$1455K 以下: \quad 液相+C_2(A,F)\longrightarrow C(A,F) \tag{4.43}$$

CF8A 体系平衡物相组成变化如下：

$$1528K \rightarrow 1416K: \quad 液相\longrightarrow C_2(A,F) \tag{4.44}$$

$$1416K 以下: \quad 液相+C_2(A,F)\longrightarrow C(A,F) \tag{4.45}$$

综上所述，随着 Al_2O_3 含量在 $CaO\text{-}Fe_2O_3\text{-}Al_2O_3$ 体系逐渐增加，结晶过程机理基本一致，即先析出 $C_2(A,F)$，后析出 $C(A,F)$，且析出温度逐渐降低，析出过程逐渐平缓。结合 CF2A、CF4A 和 CF8A 样品的结晶 DSC 曲线，结晶放热单峰的开始温度逐渐降低，且由"瘦高"型变为"矮胖"型，这正是 Al_2O_3 稳定 $CaO\text{-}Fe_2O_3\text{-}Al_2O_3$ 体系结晶过程的体现，在实际效果中，Al_2O_3 的作用与降低冷却速率类似，即为结晶过程"踩刹车"。Al_2O_3 明显扩大了 $CaO\text{-}Fe_2O_3\text{-}Al_2O_3$ 体系液相温度区间，但是同时抑制了结晶过程的进度。

4.5.4　$CaO\text{-}Fe_2O_3\text{-}MgO$ 体系

1. 加入 2% MgO（质量分数）

CF2M 体系结晶 DSC 放热曲线如图 4.35 所示。与 CF 体系结晶过程不同的是，该体系结晶过程出现单放热峰。比较不同速率下 CF2M 和 CF 体系的开始结晶温度，如表 4.15 所示。值得注意的是，在冷却速率达到 20K/min 后，CF2M 开始结晶温度反而上升，这可能是高熔点物相 MF 在结晶前期大量析出的结果。

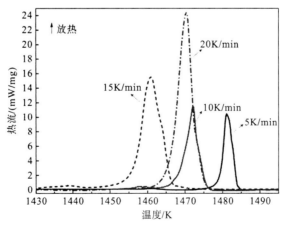

图 4.35　CF2M 体系（1562K 下降到 1373K）在冷却速率为 5K/min、10K/min、15K/min 和 20K/min 时的结晶 DSC 曲线

表 4.15　CF 和 CF2M 体系在不同冷却速率下的开始结晶温度　　　　　（单位：K）

样品	5K/min	10K/min	15K/min	20K/min	25K/min
CF	—	1492	1488	1480	1472
CF2M	1485	1477	1470	1477	—

　　CF2M 体系的平衡物相结晶路径如图 4.36 所示。当温度从 1603K 下降到 1583K，MF 相析出。当温度继续降低至 1485K，除 MF 相外，还有 C_2F 相析出。当温度低于 1485K，MF 和 CF 相析出。CF2M 体系结晶过程与 C-F 体系相比，具有以下特点初晶相析出温度更高，主要是 MF 析出温度高于 C_2F 相；包晶反应温度变化不大；C_2F 在包晶反应结束后仍存在，由于 MF 相析出消耗了液相中更多的 Fe_2O_3，因此液相中 Fe_2O_3 不满足完全析出 CF 相的比例要求。CF2M 体系平衡物相组成变化如下：

$$1603K \rightarrow 1583K：液相 \longrightarrow MF \tag{4.46}$$

$$1583K \rightarrow 1485K：液相 \longrightarrow MF + C_2F \tag{4.47}$$

$$1485K\ 以下：液相 + C_2F \longrightarrow CF + MF \tag{4.48}$$

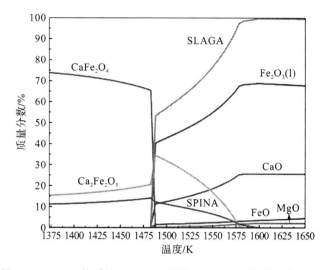

图 4.36　CF2M 体系从 1623K 下降到 1373K 时平衡结晶物相变化

1) 活化能

　　依据 Ozawa 法，让 $\ln\beta$ 对 $1/T$ 线性回归，可得 CF2M 体系在 α 为 0.1, 0.2, …, 0.9 时的结晶活化能，如表 4.16 所示。由于该计算过程主要包含了 C_2F 和 CF 结晶过程，故总体表观活化能大于单步过程。

表 4.16　CF2M 体系在不同结晶转化率(0.1~0.9)下的活化能

α	0.1	0.2	0.3	0.4	0.5	0.6	0.7	0.8	0.9	均值
$E_\alpha/(kJ/mol)$	−1007	−978	−952	−923	−909	−896	−870	−851	−809	−910

2) 模式函数

　　根据 Malek 法，将 CF2M 体系在不同冷却速率下的实验数据 $[\alpha_i, T_i, (d\alpha/dt)_i (i=1, 2, \cdots, j)$，$\alpha_{0.5}, T_{0.5}, (d\alpha/dt)_{0.5}]$ 代入 Malek 方程，得到一系列数据点 $(\alpha_i, y(\alpha_i))$ $(i=1, 2, \cdots, j)$，再把数据点插入 41 种模式函数绘制的标准曲线中，本次实验数据取 $\alpha=0.1, 0.2, \cdots, 0.9$，结果如图 4.37 所示。

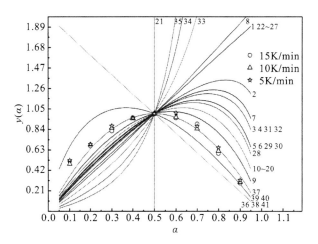

图 4.37　CF2M 体系的 Malek 法分析

由图 4.37 可知，CF2M 结晶过程机理函数仍然是 37 号函数，即 $f(\alpha)=(1-\alpha)^2$。

2. 加入 4% MgO 和 8% MgO（质量分数）

CF2M、CF4M 和 CF8M 样品在冷却速率 15K/min 下的结晶 DSC 放热曲线如图 4.38 所示。从峰型变化来看，随着 MgO 含量在 CaO-Fe$_2$O$_3$-MgO 三元体系中逐渐提高，冷却过程中放热峰 1 逐渐增强，放热峰 2 逐渐萎缩，即 MgO 促进了前期析出过程而抑制了后期析出过程，MgO 越多，生成 MF 结晶相（尖晶石结构）就越多，消耗 Fe$_2$O$_3$ 越多，从而减少了铁酸钙系物相的析出。

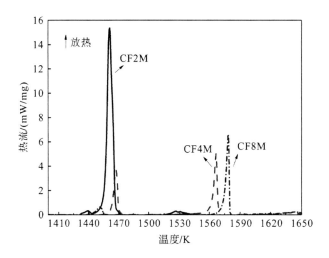

图 4.38　CF2M、CF4M 和 CF8M 体系在 15K/min 下的结晶 DSC 曲线

CF4M 体系的平衡物相结晶路径如图 4.39(a)所示。MF 在 1623K 已经产生，温度下降到 1603K 至 1485K，开始析出 C$_2$F 相，进一步冷却至 1485K 以下，析出 CF 相。与 C-F 体系相比，CF2M 中有更多的 MF 相析出，且 C$_2$F 相析出温度提高，而包晶反应生成 CF 相温度几乎不变。CF4M 体系平衡物相组成变化如下：

$$1603\text{K 以上：} \quad 液相 \longrightarrow MF \tag{4.49}$$

$$1603\text{K} \rightarrow 1485\text{K：} \quad 液相 \longrightarrow MF + C_2F \tag{4.50}$$

$$1485\text{K 以下：} \quad 液相 + C_2F \longrightarrow CF + MF \tag{4.51}$$

CF8M 体系的平衡物相结晶路径如图 4.39(b) 所示。MF 在 1623K 已经产生，温度下降到 1613K 以下，开始析出 C_2F 相。由于析出更多的 MF 相，液相中更多的 Fe_2O_3 被消耗，CF8M 体系中不再发生包晶反应生成 CF 相，整个结晶过程在高温段便完成。CF8M 体系平衡物相组成变化如下：

$$1613\text{K 以上：} \quad 液相 \longrightarrow MF \tag{4.52}$$

$$1613\text{K 以下：} \quad 液相 \longrightarrow MF + C_2F \tag{4.53}$$

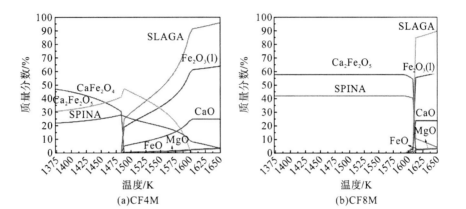

图 4.39　CF4M 和 CF8M 体系从 1623K 下降到 1373K 时平衡结晶物相变化

综上所述，随着 MgO 在 $CaO\text{-}Fe_2O_3\text{-}MgO$ 体系中含量逐渐提高，结晶温度逐渐提高，且 CF 生成的包晶反应逐渐被抑制，在 CF8M 体系中甚至不再发生该过程。结合 CF2M、CF4M 和 CF8M 样品的结晶 DSC 曲线，包晶反应生成 CF 放热峰逐渐萎缩，CF2M 体系中包晶反应峰仍显著，到了 CF8M，几乎不再有 CF 相析出，析出过程都在高温阶段完成。

4.6　铁酸钙的晶体结构

二元体系铁酸钙晶体结构的测定始于 20 世纪 50 年代。Bertaut 等[39]和 Colville 等[40]在分析 C_2F 的晶体结构时发现，它由 FeO_6 正八面体、FeO_4 四面体及嵌入其中的 Ca 构成，为斜方晶系结构，晶体结构参数为 $a=0.532\text{nm}$、$b=1.463\text{nm}$、$c=0.558\text{nm}$；晶胞单元为 $4Ca_2Fe_2O_5$。C_2F 晶胞沿 a 轴方向和 c 轴方向的原子分布及联结示意图如图 4.40 所示。Burdese[9]和 Decker 等[41]先后于 1952 年和 1957 年报道了 CF 晶体结构类型。CF 为斜方晶系结构(图 4.41)，Fe 位于 8 个 O 构成的变形八面体中，Ca 周围围绕 9 个 O，如图 4.42 所示。晶体结构参数为 $a=0.9230\text{nm}$、$b=1.0705\text{nm}$、$c=0.3024\text{nm}$；晶胞单元为 $4CaFe_2O_4$。CF_2 晶体结构在 1958 年被 Phillips 等[6]最先报道，Chessin 等[42]研究表明其是由 O 构成的六方晶系结构，且 Fe 和 Ca 在八面体间隙内。

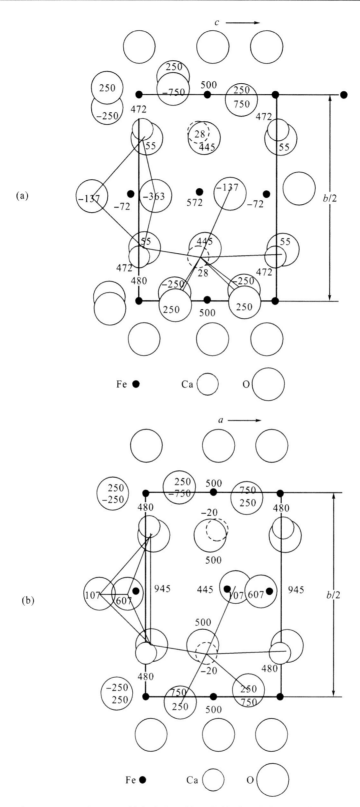

图 4.40 C$_2$F 晶胞沿 a 轴方向和 c 轴方向的原子分布及联结示意图

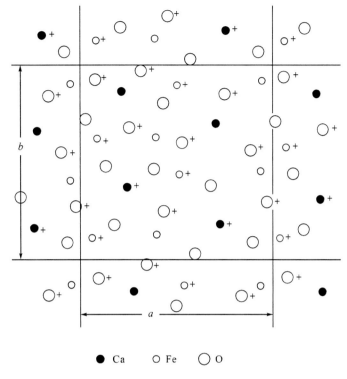

● Ca　　○ Fe　　◯ O

图 4.41　CF 晶体结构示意图

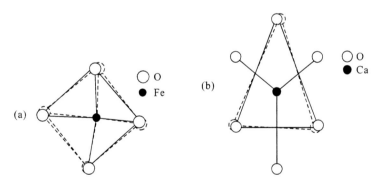

图 4.42　CF 中 Fe 原子和 Ca 原子配位示意图

Burdese[9]于 1952 年报道了 CWF 和 CW$_3$F 的晶体结构，1957 年 Borgiani[43]报道了 CW$_2$F 的晶体结构。1980 年 Evrard 等[12]给出了三元系铁酸钙的通式 CaFe$_{2+n}$O$_{2+n}$，其中的 n 为整数或分数，CaFe$_{2+n}$O$_{2+n}$ 的各三元系铁酸钙晶体结构变化仍以 CF 晶体结构为基础[44, 45]。

Inoue 等[46]以 Fe$_2$O$_3$-SiO$_2$-Al$_2$O$_3$-CaO 四面体构型解释 SFCA 生成区域，表明 SFCA 出现在 CF$_3$、CA$_3$ 和 CS 围成的三角形平面上，即 C(F, A)$_3$-CS 固溶体，这种固溶体为单斜晶系结构，其晶胞参数为 a=9.979Å、b=15.262Å、c=5.307Å、β=100.23°。Dawson 等[47]认为 SFCA 在以 CS$_3$、CF$_2$ 和 CA$_2$ 形成的三角形平面上，即 C(F, A)$_2$-CS$_3$ 固溶体，如图 4.43 所示。Sugiyama 等[48]研究了含 Mg 的五元复合铁酸钙晶体结构，结果指出该五元系铁酸

钙为三斜晶系结构，其中 Fe、Al 和 Si 在四面体中占据 O 的位置，而 Fe、Mg 和 Al 在八面体中占据 O 的位置。

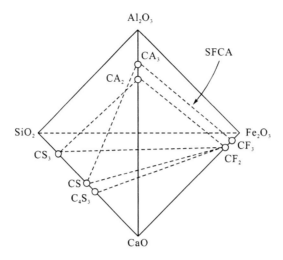

图 4.43　SFCA 形成的两种不同固溶方式

铁酸钙形貌及晶体结构是影响其性能的根本原因。过去几十年对其讨论表明，铁酸钙的形貌主要有针状、柱状、板状和纤维状等，如 SFCA-I 在形貌上多呈针状，如图 2.23 所示[49]。SFCA 形貌与成分的关系也有一些定性总结，如表 4.17 所示，即 SFCA 形貌与 Al_2O_3/SiO_2 和 CaO/SiO_2（成分比）有很大关系，这种关系的定量描述仍有待进一步研究。对于冶金性能优异的针状铁酸钙，Hida 等[50]认为是一种富钙的 CF 熔体和 Al_2O_3 及 SiO_2 形成的 SFCA。对于如何促进针状 SFCA 形成，通常有以下措施：低温烧结，针状铁酸钙容易在高温时分解或转化为其他形态铁酸钙；当冷却速率＞20K/min 时，容易使复合铁酸钙从针状转变为柱状。

表 4.17　SFCA 形貌和成分关系

形貌类型	成分特征
板状	低钙高铝
针状	低铝高钙
柱状	低铝高硅

参 考 文 献

[1] Sosman R, Merwin H. Preliminary report on the system, lime: Ferric oxide. Journal of the Washington Academy of Sciences, 1916, 6(15): 532-537.

[2] Tavasci B. Research on the system CaO-Fe₂O₃. Ann Chim Appl, 1936, 26: 291.

[3] Malquori G, Cirilli V. The ferrite phase; proceedings of the Third International Symposium on the Chemistry of Cement. London, F, 1952.

[4] Edström J. The phase CaO·2Fe$_2$O$_3$ in the system CaO-Fe$_2$O$_3$, and its importance as binder in ore pellets. Jernkontorets Ann, 1956, 140(2): 101-115.

[5] Batti P. Stability of the compound CaO-Fe$_2$O$_3$. Chim e ind, 1956, 38(10): 864-866.

[6] Phillips B, Muan A. Phase equilibria in the system CaO-iron oxide in air and at 1 atm. O$_2$ Pressure. Journal of the American Ceramic Society, 1958, 41(11): 445-454.

[7] Braun P, Kwestroo W. Some calcium-iron-oxygen compounds. Philips Research Reports, 1960, 15(4): 394-397.

[8] Cirilli V, Burdese A. The calcium oxide-wüstite system; proceedings of the International Symposium on the reactivity of solids, Göteborg, 1952.

[9] Burdese A. Equilibrii di riduzione del sistema CaO-Fe$_2$O$_3$. La Metallurgia Italiana, 1952, 343-346.

[10] Edström J. Reaktions for lopp vid kulsintering och jarnmalmsreduction. Jernkontorets Ann, 1958, 142(7): 401-466.

[11] Schurmann E, Wurm P. Phase diagrams and reduction equilibria of the ternary system Fe-Fe$_2$O$_3$-CaO between 550 °C and 1070 °C. Arch Eisenhuttenwesen, 1973, 44: 637-645.

[12] Evrard O, Malaman B, Jeannot F, et al. Mise en évidence de CaFe$_4$O$_6$ et détermination des structures cristallines des ferrites de calcium CaFe$_{2+n}$O$_{4+n}$ (n=1, 2, 3): nouvel exemple d' intercroissance. Journal of Solid State Chemistry, 1980, 35(1): 112-119.

[13] Holmquist S B. Two new complex calcium ferrite phases. Nature, 1960, 185(4713): 604.

[14] Phillips B, Muan A. Stability relation of calcium ferrites: phase equilibria in the system 2CaO·Fe$_2$O$_3$-Fe$_3$O$_4$-Fe$_2$O$_3$ above 1135 °C. Trans Met Soc AIME, 1960, 218: 1112-1118.

[15] Osborn E, Muan A. Phase equilibrium diagrams of oxide–system, plate 10. American Ceramic Society and the Edward Orton, Jr, Ceramic Foundation, 1960.

[16] Phillips B, Muan A. Phase equilibria in the system CaO-Iron Oxide-SiO$_2$, in Air. Journal of the American Ceramic Society, 2010, 42(9): 413-423.

[17] Hamilton J, Hoskins B, Mumme W, et al. The crystal-structure and crystal-chemistry of Ca$_{2.3}$Mg$_{0.8}$Al$_{1.5}$Si$_{1.1}$Fe$_{8.3}$O$_{20}$(SFCA)-solid-solution limits and selected phase-relationships of SFCA in the SiO$_2$-Fe$_2$O$_3$-CaO(-Al$_2$O$_3$) system. Neues Jahrbuch Fur Mineralogie-Abhandlungen, 1989, 161(1): 1-26.

[18] Pownceby M I, Patrick T R C. Stability of SFC (silico-ferrite of calcium): solid solution limits, thermal stability, and selected phase relationships within the Fe$_2$O$_3$-CaO-SiO$_2$ (FCS) system. European Journal of Mineralogy, 2000, 12(2): 455-468.

[19] Dayal R, Gard J, Glasser F. Crystal data on FeAlO$_3$. Acta Crystallographica, 1965, 18(3): 574-575.

[20] Lister D, Glasser F. Phase relations in the system CaO-Al$_2$O$_3$-iron oxide. Brit Ceram Soc Trans, 1967, 66(7): 293-305.

[21] Imlach J A, Glasser F. Sub-solidus phase relations in the system CaO-Al$_2$O$_3$-FeO-Fe$_2$O$_3$. Trans J Brit Ceram Soc, 1971, 70(6): 227.

[22] Newkirk T, Thwaite R. J Res Nati Bur Standard, 1958, 61(4): 241.

[23] Hansen W C, Brownmiller L, Bogue R. Studies on the system calcium oxide-alumina-ferric oxide. Journal of The American Chemical Society, 1928, 50(2): 396-406.

[24] Tonžetić I, Dippenaar A. An alternative to traditional iron-ore sinter phase classification. Minerals Engineering, 2011, 24(12): 1258-1263.

[25] Coheur P. Continuous quality control of Dwight-Lloyd sinter. J. Iron. Steel. Inst, 1969, 207(10): 1291-1297.

[26] Hancart J, Leroy V, Bragard A. CNRM Report, 1967. DS, 24(67): 3-7.

[27] Ahsan S, Mukherjee T, Whiteman J. Structure of fluxed sinter. Ironmaking & Steelmaking, 1983, 10(2): 54-64.

[28] Whiteman J, Hsieh L. Effect of oxygen potential on mineral formation in lime-fluxed iron ore sinter. ISIJ International, 1989, 29(8): 625-634.

[29] Chaigneau R. Complex Calcium Ferrites in the Blast Furnace Process. Delft University of Technology, 1994.

[30] Dawson P. Recent developments in iron ore sintering new development sintering. Ironmaking Steelmaking, 1993, 20(2): 135-136.

[31] Webster N A, Pownceby M I, Madsen I C, et al. Silico-ferrite of calcium and aluminum (SFCA) iron ore sinter bonding phases: new insights into their formation during heating and cooling. Metallurgical and Materials Transactions B, 2012, 43(6): 1344-1357.

[32] Scarlett N V Y, Pownceby M I, Madsen I C, et al. Reaction sequences in the formation of silicon-ferrites of calcium and aluminum in iron ore sinter. Metallurgical and Materials Transactions B, 2004, 35(5): 929-936.

[33] Maeda T, Nishioka K, Nakashima K, et al. Formation rate of calcium ferrite melt focusing on SiO_2 and Al_2O_3 Component. ISIJ International, 2004, 44(12): 2046-2051.

[34] Jeon J W, Jung S M, Sasaki Y. Formation of calcium ferrites under controlled oxygen potentials at 1273 K. ISIJ International, 2010, 50(8): 1064-1070.

[35] 井上勝彦, 池田孜. 石灰自溶性焼成鉱のカルシウムフェライトの固溶状態と結晶構造(焼結鉱・ペレット)(製銑). 鐵と鋼：日本鐵鋼協會々誌, 1982, 68(15): 2190-2199.

[36] Pownceby M I, Clout J M F. Importance of fine ore chemical composition and high-temperature phase relations: applications to iron ore sintering and pelletizing. Mineral Processing & Extractive Metallurgy, 2003, 112(1): 44-51.

[37] 肥田行博, 岡崎潤, 伊藤薫, 等. 焼結鉱中針状カルシウム・フェライトの生成機構. 鉄と鋼, 1987, 73(15): 1893-1900.

[38] Bergman B. Solid–Reactions between CaO Powder and Fe_2O_3. Journal of the American Ceramic Society, 2010, 69(8): 608-611.

[39] 郭兴敏, 杜鹤桂. CaO-Fe_2O_3混合层内反应初期铁酸钙生成的动力学研究. 北京科技大学学报, 1998, (03): 247-252.

[40] Bertaut E, Blum P, Sagnieres A. Structure du ferrite bicalcique et de la brownmillerite. Acta Crystallographica, 1959, 12(2): 149–159.

[41] Colville A, Geller S. The crystal structure of brownmillerite, Ca_2FeAlO_5. Acta Crystallographica Section B: Structural Crystallography and Crystal Chemistry, 1971, 27(12): 2311-2315.

[42] Decker B, Kasper J. The structure of calcium ferrite. Acta Crystallographica, 1957, 10(4): 332-337.

[43] Chessin H, Turkdogan E. A crystallographic investigation of calcium ferrite. Journal of the American Ceramic Society, 1962, 45(12): 597-599.

[44] Borgiani C. Communication aux 7 ernes Journees Internationales de Siderurgie. Versailles. 1978.

[45] Jasieńska S, Tomkowicz D, Dargel L. X-ray diffraction study of $CaFe_3O_5$. Physica status solidi (a), 1975, 29(2): 665-670.

[46] Malaman B, Alebouyeh H, Jeannot F, et al. Preparation and characterization of calcium ferrites of the form $CaFe_{2+n}O_{4+n}$ with fractional values of n (3/2, 5/2) and their incidence in the Fe-Ca-O diagram at 1120℃. Materials Research Bulletin, 1981, 16(9): 1139-1148.

[47] Dawson P, Ostwald J, Hayes K. Influence of alumina on development of complex calcium ferrites in iron-ore sinters. Transactions of the Institution of Mining and Metallurgy Section C-Mineral Processing and Extractive Metallurgy, 1985, 94(6): 71-78.

[48] Kazumasa S, Morikawa A, Sugiyama T. Crystal structure of the SFCAM phase $Ca_2(Ca, Fe, Mg, Al)_6(Fe, Al, Si)_6O_{20}$. ISIJ International, 2005, 45(4): 560-568.

[49] Scarlett N V, Pownceby M I, Madsen I C, et al. Reaction sequences in the formation of silicon-ferrites of calcium and aluminum in iron ore sinter. Metallurgical and Materials Transactions B, 2004, 35 (5): 929-936.

[50] Hida Y, Okazaki J, ITO K, et al. Mechanism of the Formation of Acicular Calcium and Ferrite in Sintering ore Expansion and Advancement of Ironmaking Technology. Journal of the Japan iron and steel association, 1987, 73 (15): 1893-1900.

第5章 烧结过程的固液溶解过程及影响因素

在烧结初始阶段，矿中的铁氧化物、从方解石(或白云石)中煅烧的石灰及脉石经过加热后通过固相反应生成低熔点铁酸盐相；继续加热，固相反应产生的低熔点相开始熔化，生成液相，同时脉石颗粒开始向液相中溶解；最后在冷却阶段，通过结晶，获得了同时具有优良强度和冶金性能的人造块状矿物。从开始产生液相到液相开始结晶的过程又称同化作用，同化作用的本质是 Al_2O_3、SiO_2、MgO 等固相颗粒通过溶解进入液相使黏结相越来越多的过程。因此研究不同脉石或熔剂成分在铁酸钙中的溶解行为对于认识同化过程，尤其针对低品位矿石高效烧结技术开发具有重要意义。

5.1 溶解动力学模型

圆柱状氧化物在熔体中的溶解速率 R_d 可用式(5.1)进行计算：

$$R_d = \frac{W_0 - W_t}{S \cdot t} \tag{5.1}$$

其中，t 为浸入时间，min；W_0、W_t 及 S 分别表示棒的初始质量(g)、最终质量(g)及初始的浸入面积(cm^2)。

Cooper 等[1]和 Sandhage 等[2]提出用列维奇-科克伦(Levich-Cochran)[3]方程来描述旋转柱体法浸没深度内的质量传输，其适用条件为施密特数(v/D)远大于1及雷诺数($Re=r^2w/v$)在 $10\sim10^4$，方程如下：

$$\delta = 1.61 \left(\frac{D}{v}\right)^{1/3} \left(\frac{v}{w}\right)^{1/2} \tag{5.2}$$

其中，δ 表示浓度边界层厚度，cm；D 表示溶质的扩散系数，cm^2/s；v 表示熔体的动力学黏度，Pa·s；w 表示棒样的旋转角速度，r/s。

将方程(5.2)的参数进行替换，可得到方程(5.3)，利用方程(5.3)可计算氧化物溶解界面的位移：

$$\frac{d\xi}{dt} = \frac{\rho_1}{\rho_0} \cdot \frac{D}{\delta} \cdot \left(\frac{W_b - W_i}{1 - W_i}\right) \tag{5.3}$$

其中，ξ 是溶解界面的移动速度，cm/s；ρ_1 是液体密度，g/cm^3；ρ_0 是固体密度，g/cm^3；W_b 表示整个溶体中溶质的质量百分比；W_i 是 MO 在边界层的质量百分比。

将方程(5.3)用溶解速率单位 $g/(cm^2 \cdot s)$ 进行修改，则可得到

$$R_d = \rho_1 \cdot \frac{D}{\delta} \cdot \left(\frac{W_b - W_i}{1 - W_i} \right) \tag{5.4}$$

结合方程 (5.2) 及方程 (5.4)，D 可以由方程 (5.5) 表示：

$$D^{2/3} = \frac{1.61 \cdot R_d \cdot \upsilon^{1/6}}{\rho_1 \cdot w^{1/2}} \times \frac{1 - W_i}{W_b - W_i} \tag{5.5}$$

熔体的黏度可通过相关模型或经验公式来进行计算。

熔体的密度 ρ_1 可用式 (5.6) 表示[4]：

$$\rho_1 = \left(\frac{100}{0.45\omega(SiO_2) + 0.285\omega(CaO) + 0.35\omega(Fe_2O_3) + 0.367\omega(MgO)} \right) \tag{5.6}$$

式 (5.7) 所示为爱因斯坦-斯托克斯 (Einstein-Stokes) 方程，离子的扩散系数与熔体黏度成反比：

$$D_i = \frac{kT}{6\pi r_i \eta} \tag{5.7}$$

其中，η、r_i 和 k 分别表示熔体的运动黏度 (cm^2/s)、离子 i 的半径 (Å) 及玻尔兹曼常数。

氧化物在液固溶解反应中的质量平衡则可用式 (5.8) 表示：

$$\rho_{MO} \cdot S \cdot \frac{-dr}{dt} = S \cdot R_d \tag{5.8}$$

其中，ρ_{MO} 及 r 分别表示圆柱状 MO 的密度 (g/cm^3) 及半径 (cm)。则 R_d 可用公式 (5.9) 表示：

$$R_d = k(C_{MO}^i - C_{MO}^b) = k\left(\frac{\rho_{flux}}{100} \right)(M_{MO}^i - M_{MO}^b) \tag{5.9}$$

其中，k、C_{MO}^i 和 C_{MO}^b 分别为 MO 在熔体中的传质系数 $[g/(cm^2 \cdot s)]$，以及边界层和熔体中的 MO 浓度 (mol/L)；ρ_{flux} 为熔体密度；M_{MO}^i 和 M_{MO}^b 分别为 MO 在固液界面及熔体内的质量分数。根据之前的研究，MO 扩散为固相颗粒溶解进入渣的限制性环节，因此，可以根据 Levich-Cochran 方程计算 k，如公式 (5.10) 所示：

$$k = 0.62D^{2/3}\upsilon^{-1/6}w^{1/2} \tag{5.10}$$

其中，D 为 MO 在熔体中的扩散系数。

结合式 (5.9) 和式 (5.10) 可得

$$R_d = 0.62D^{2/3}\upsilon^{-1/6}w^{1/2}(C_{MO}^i - C_{MO}^b) \tag{5.11}$$

对于一些特殊的熔体，由于扩散系数 D、运动黏度 υ 以及浓度差 $(C_{MO}^i - C_{MO}^b)$ 均为常数，因此，溶解速率正比于圆柱体旋转速率的平方根。

考虑到质量分数与浓度的关系，使用运动黏度 η 来代替动力学黏度 υ，则方程 (5.11) 可有如下表达式：

$$R_d = 0.62D^{2/3}\left(\frac{\eta}{\rho_{flux}} \right)^{-1/6}\left(\frac{\rho_{flux}}{\eta} \right)w^{1/2}(M_{MO}^i - M_{MO}^b) \tag{5.12}$$

方程 (5.12) 的右边可以分为两部分，一部分为 $\eta^{-1/6}D^{2/3}(M_{MO}^i - M_{MO}^b)$，其与熔体成分有关；另一部分为 $0.0062\rho_{flux}^{7/6}w^{1/2}$（称为 k_1），其与熔体成分无关。因此，方程 (5.12) 可改写为方程 (5.13)，其表示影响溶解速率 R_d 的主要为两大因素，即传质系数 k_1 和浓度差：

$$R_d = k_1(\eta^{-1/6} D^{2/3})(C_{MO}^{i} - C_{MO}^{b}) \tag{5.13}$$

假设传质是溶解过程中的控制环节，则渣相中溶解的 E 可以参照阿伦尼乌斯公式求得[5]，如方程(5.14)所示：

$$R_d = R_d^0 \cdot \exp\left(-\frac{E}{RT}\right) \tag{5.14}$$

其中，E、R 和 T 分别为活化能(kJ/mol)、气体常数及温度(K)。R_d 的值可利用方程(5.14)计算，从而得到 $\ln R_d$ 与 $1/T$ 的关系，进而通过线性回归求得活化能。

5.2　Al$_2$O$_3$ 在铁酸钙中的溶解

根据 5.1 节所述氧化物的溶解模型[6]，将 Al$_2$O$_3$ 圆柱体放入铁酸钙熔体中，研究实验温度、浸入时间、旋转速率、初渣中 Al$_2$O$_3$ 含量、SiO$_2$ 含量及 Fe$_2$O$_3$/CaO 质量比对圆柱体样品溶解的影响，分析 Al$_2$O$_3$ 在铁酸钙熔体中溶解的限制性环节。

图 5.1 为 1400℃下 Al$_2$O$_3$ 单位溶解量与浸入时间的关系。Al$_2$O$_3$ 溶解失重量与浸入时间呈明显的线性关系，表明溶解过程中改变固液接触的面积对溶解的影响不大。图 5.2 所示为棒样旋转速率的开方与溶解速率间的关系，可以看到，随着样品旋转速率开方的增大，样品的溶解速率增大，二者呈正比关系，据公式(5.5)可知，Al$_2$O$_3$ 的扩散是溶解的限制性环节。

图 5.3 及图 5.4 分别为铁酸钙初渣中 Al$_2$O$_3$ 含量及 Fe$_2$O$_3$/CaO 质量比对 Al$_2$O$_3$ 棒溶解的影响。随着初渣中 Al$_2$O$_3$ 含量的增多，固液两相中 Al$_2$O$_3$ 的浓度差减小，溶解驱动力减小，使得溶解速率降低。溶解速率随 Fe$_2$O$_3$/CaO 质量比的增加有先减小后增大的趋势。据理论计算，熔体的黏度随着 Fe$_2$O$_3$/CaO 质量比的增加而增加，而爱因斯坦-斯托克斯关系式[式(5.7)]指出液体中离子的扩散系数与黏度成反比，这使得溶解速率随黏度增大而降低；两者比值继续增大，溶解速率随之增大，表明溶解速率还受其他因素的影响，由于 Fe^{3+} 及 Al^{3+} 离子半径接近，故而容易相互取代，熔体中 Fe^{3+} 的增加可加速两者在固液两相中的相互扩散，使得溶解速率增加。

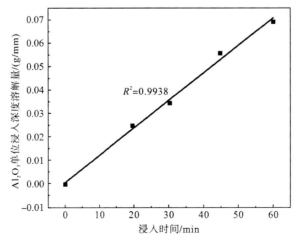

图 5.1　Al$_2$O$_3$ 圆柱体单位浸入深度溶解量与浸入时间的关系(1400℃)

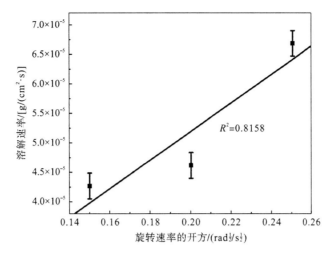

图 5.2　圆柱体旋转速率的开方与溶解速率的关系(1400℃)

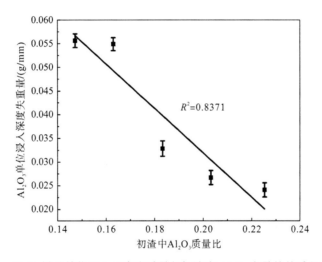

图 5.3　Al_2O_3 样品单位浸入深度失重量与初渣中 Al_2O_3 含量的关系(1400℃)

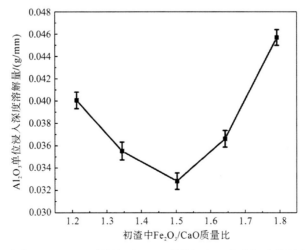

图 5.4　初渣中 Fe_2O_3/CaO 质量比对 Al_2O_3 单位浸入深度溶解量的影响(1400℃)

图 5.5 为初渣中 SiO_2 含量对 Al_2O_3 样品溶解量的影响。随着初渣中 SiO_2 含量的增加，单位浸入深度的 Al_2O_3 棒的溶解量减小，说明 Al_2O_3 的溶解速率在下降。铁酸钙熔体中 SiO_2 含量的增加会使得熔体黏度增大，进而使熔体扩散的阻力系数增大，即对应的扩散系数减小，溶解速率降低。

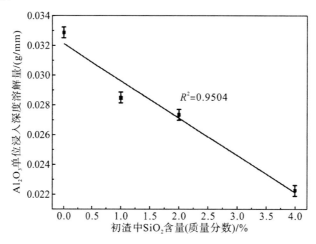

图 5.5 Al_2O_3 样品单位浸入深度溶解量与初渣中 SiO_2 含量的关系（1400℃）

根据公式(5.13)可知，溶解速率受固液间的浓度差及传质系数影响。从图 5.6 可以看出，Al_2O_3 固液浓度差与溶解速率间呈明显的线性关系，但其延长线不过原点，这意味着传质系数可能与熔体的化学成分有关。据方程(5.7)可知，铁酸钙熔体的化学成分通过影响铁酸钙熔体的黏度及 Al_2O_3 的扩散进而影响传质系数。图 5.7 所示为熔体中 Al_2O_3 含量对其黏度及 Al^{3+} 扩散速率的影响。熔体中的 Al_2O_3 含量增加使得熔体的黏度增大，离子的扩散速率降低。在考虑熔体黏度及扩散因素的条件下作出溶解速率与固液相 Al_2O_3 质量浓度差关系的图，如图 5.8 所示。可见，经过修正后溶解速率与固液相 Al_2O_3 质量浓度差的线性关系较好且拟合直线通过原点。这表明溶解主要受溶质在固液两相的浓度差驱动，但还受到溶解反应粒子在熔体中的扩散速率及熔体黏度的影响。

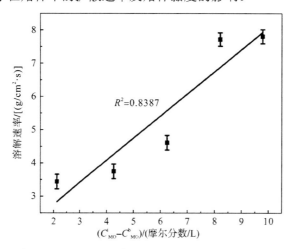

图 5.6 Al_2O_3 固液浓度差对溶解速率的影响（1400℃）

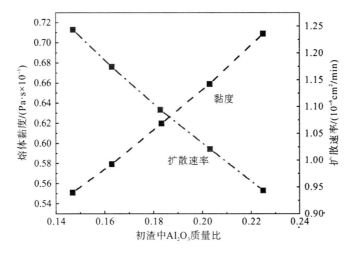

图 5.7　初渣中 Al_2O_3 含量对熔体黏度及 Al^{3+} 扩散速率的影响（1400℃）

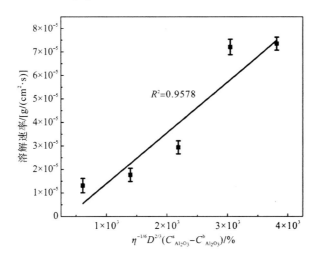

图 5.8　固液相 Al_2O_3 浓度差及熔体性质对溶解速率的影响（1400℃）

　　图 5.9 所示为根据公式（5.14）所求得的 Al_2O_3 在铁酸钙中的溶解活化能。由图可知，溶解速率与温度的线性关系良好，进一步求解得到 A1（51.2% Fe_2O_3，34.1% CaO，14.7% Al_2O_3）样品及 A3（49.1% Fe_2O_3，32.6% CaO，18.3% Al_2O_3）样品中 Al_2O_3 溶解的活化能分别为 245.35kJ/mol 及 350.94kJ/mol。随着 Al_2O_3 含量的增大，Al_2O_3 溶解的活化能增大。

　　同时，通过扫描电子显微镜（scanning electron microscope，SEM）及能量色散 X 射线光谱仪（energy dispersive X-ray spectroscopy，EDX）对棒与渣样的界面进行了分析，发现所有样品 Al_2O_3 棒与渣界面均无明显的中间产物层。图 5.10 和图 5.11 所示为 Al_2O_3 棒在 A1 样品中溶解 60min 后棒样与渣界面的线扫描及点扫描结果。从线扫描及点 1、2 处的结果可知，溶解过程中少量的 Ca、Fe 通过扩散进入到 Al_2O_3 棒，且两者的含量相近。并且沿 Al_2O_3 圆柱体中心线到渣方向，渣中 Al 的含量先减小后增大，在界面的含量较大，Ca 含量先增大后减小再增大，Fe 含量则先增大后减小。通过点扫描结果可以看出，界面主要存在两种物相，即 Ca(Fe, Al)$_2$O$_4$（图中点 2）和 CaAl$_2$O$_4$（图中点 1）。其中，点 1 中含有少量 Fe 是由 Fe^{3+} 对 Al^{3+} 部分取代所致；点 2 更趋向于 $CaO \cdot Fe_2O_3$，说明在固液界面的 Ca^{2+} 浓度较低而 Al^{3+} 浓度较高。通过对比线扫描和点扫描结果发现，两相中 Ca 含量相近，而 Fe 元素则优先存在于铁酸钙相中，Al 元素更多存在于富钙相中。

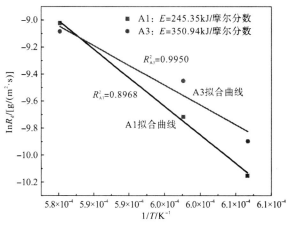

图 5.9 Al_2O_3 溶解的活化能

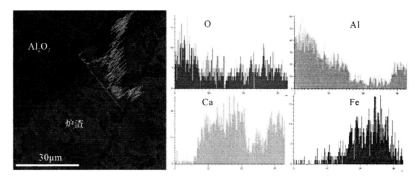

图 5.10   A1 样品溶解 60min 后固液界面线扫描图像

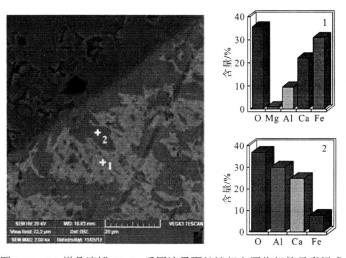

图 5.11   A1 样品溶解 60min 后固液界面处渣相主要物相的元素组成

5.3 SiO₂ 在铁酸钙中的溶解

图 5.12 为 1350℃时时间对 SiO₂ 棒单位浸入深度溶解量的影响[7]。溶解过程中 SiO₂ 样品溶解量与实验时间的线性关系较为明显，实际溶解过程中，SiO₂ 棒与铁酸钙熔体间的接触面积不断地变小，说明固液接触面积对 SiO₂ 棒的溶解影响不大。

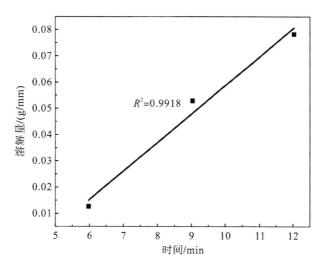

图 5.12 SiO₂ 圆柱体单位浸入深度溶解量与浸入时间的关系(1350℃)

图 5.13 为 1350℃时棒样旋转速度对 SiO₂ 棒单位浸入深度溶解量的影响。由图可知 SiO₂ 溶解量与圆柱体样品转速呈正比关系，随着圆柱体转速的增大，固液之间的扩散增强，SiO₂ 样品在铁酸钙熔体中的溶解速率增大。

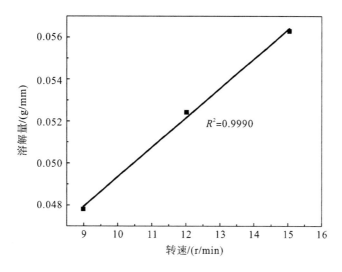

图 5.13 SiO₂ 圆柱体单位浸入深度溶解量与棒样转速的关系(1350℃)

图 5.14 为实验温度对 SiO_2 圆柱体单位浸入深度溶解量的影响。各样品的化学成分为 A1〔47.40% Fe_2O_3, 56.40% $CaCO_3$, 21.00% SiO_2, $w(Fe_2O_3)/w(CaO)$（Fe_2O_3/CaO 质量比）=1.50〕、A3（45.00% Fe_2O_3，53.54% $CaCO_3$，25.00% SiO_2，Fe_2O_3/CaO 质量比=1.50）、A5（42.60% Fe_2O_3，56.40% $CaCO_3$，29.00% SiO_2，Fe_2O_3/CaO 质量比=1.50）。由图可知，不同实验成分的 SiO_2 棒单位失重都与温度呈线性相关，这是因为温度提高，熔体的黏度降低，固液之间的反应速率随之加快，SiO_2 棒样溶解速率增大。并且同一温度不同成分的 SiO_2 圆柱体溶解量也不同，是因为初渣化学成分不同，液态熔体成分也不同，液态熔体黏度和固液之间 SiO_2 浓度差不同，最终导致固液之间的扩散速率不同。随着样品中 SiO_2 含量的增大，样品的黏度增大，固液间浓度差减小，最终，在同一温度下，溶解速率降低。

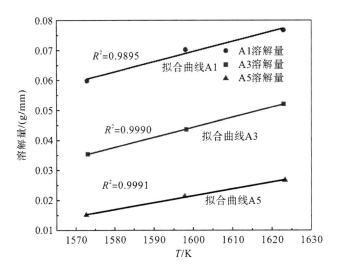

图 5.14　SiO_2 圆柱体单位浸入深度失重与实验温度的关系

图 5.15 及图 5.16 分别为 SiO_2 圆柱体单位浸入深度溶解量与铁酸钙初渣中 SiO_2 含量、Fe_2O_3/CaO 质量比的关系。由图 5.15 可知，SiO_2 圆柱体单位浸入深度的溶解量随初渣中 SiO_2 含量的增多而减少，这是因为固液两相 SiO_2 浓度差减小，SiO_2 浓度驱动力减小，从而降低了溶解速率。由图 5.16 可知，初渣中 Fe_2O_3/CaO 质量比增加，SiO_2 圆柱体单位浸入深度的溶解量减小。理论计算表明，随着 Fe_2O_3/CaO 质量比的增加，黏度会增大，而爱因斯坦-斯托克斯关系式指出熔体黏度与离子的扩散系数成反比，因此，圆柱体的溶解速率随黏度增大而降低。

图 5.17 为 SiO_2 圆柱体单位浸入深度溶解量与铁酸钙初渣中 MgO 含量的关系，可以看出，随着初渣中 MgO 含量的增加，单位浸入深度的溶解量增大，表明 SiO_2 的溶解速率加快了。这是因为 Mg^{2+} 会促进 Si^{4+} 固溶进入铁酸钙熔体中形成含镁复合铁酸钙，所以随着初渣中 MgO 含量增加，固溶进入铁酸钙熔体的 Si^{4+} 增多，溶解速率增大。

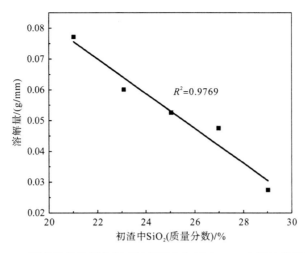

图 5.15　SiO₂ 圆柱体单位浸入深度溶解量与初渣中 SiO₂ 含量的关系（1400℃）

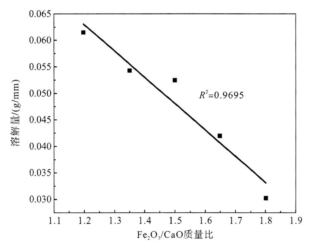

图 5.16　初渣中 Fe₂O₃/CaO 质量比对 SiO₂ 圆柱体单位浸入深度溶解量的影响（1350℃）

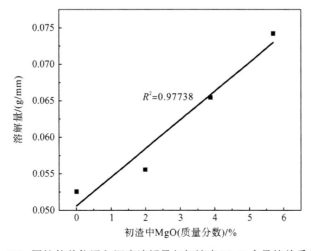

图 5.17　SiO₂ 圆柱体单位浸入深度溶解量与初渣中 MgO 含量的关系（1350℃）

与 Al$_2$O$_3$ 的溶解相似，图 5.18 所示为熔体固液相 SiO$_2$ 浓度差与溶解速率间的关系，可以看到，SiO$_2$ 溶解速率与固液相 SiO$_2$ 浓度差成正比，但是可以发现，图中直线的延长线不过原点，这表明传质系数还可能受熔体化学成分的影响。

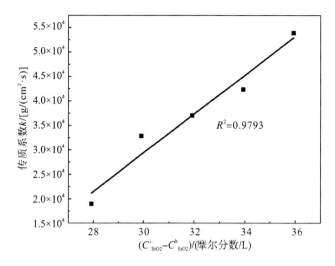

图 5.18　固液相 SiO$_2$ 浓度差对溶解速率的影响（1350℃）

由图 5.19 可知，熔体中的 SiO$_2$ 含量增加使得熔体的黏度增大，离子的扩散速率降低。在考虑熔体黏度及扩散因素的条件下作出溶解速率与固液相 SiO$_2$ 浓度差关系的图，如图 5.20 所示，可见，经过修正后溶解速率与固液相 SiO$_2$ 浓度差的线性关系更好且拟合直线通过原点。这表明固液两相的浓度差是 SiO$_2$ 溶解过程的主驱动力，但熔体黏度、离子在熔体中的扩散速率对 SiO$_2$ 溶解过程也有一定的影响。

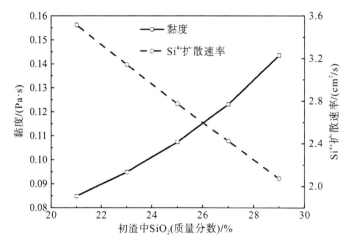

图 5.19　初渣中 SiO$_2$ 含量对熔体黏度及 Si^{4+}扩散速率的影响（1350℃）

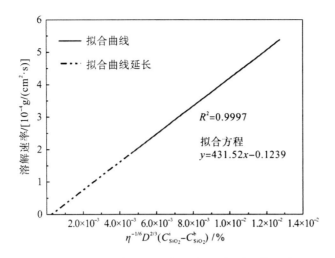

图 5.20　固液相 SiO_2 浓度差及熔体性质对溶解速率的影响（1350℃）

SiO_2 的溶解速率与活化能的关系如图 5.21 所示。由图可知，A1、A3 及 A5 配比熔体 SiO_2 溶解活化能分别为 106.62kJ/mol、174.70kJ/mol 及 248.20kJ/mol。随着渣中 SiO_2 含量的增加，SiO_2 的溶解活化能不断增大。

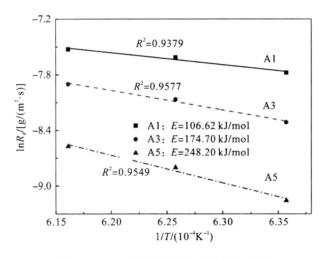

图 5.21　SiO_2 的溶解速率与活化能的关系

采用 SEM-EDS 检测来分析棒样与渣界面的形貌。结果表明，不同温度、转速、旋转时间、Fe_2O_3/CaO 质量比及炉渣成分的界面均相似。图 5.22 所示为 A3（12r/min，t=12min，T=1350℃）的结果，可以看到，SiO_2 样品与渣的界面处有清晰的裂痕出现，但未出现明显的反应层，通过线扫描和点 1 处的结果可知，溶解过程中少量的 Ca 和 Fe 通过扩散进入到 SiO_2 棒，且 Ca 的含量略高于 Fe。线扫描和点 2、点 3 的结果表明，随着距固液界面距离的增加，渣中 Si 和 Ca 的含量略微增加。但是，渣中 Fe 和 Al 的含量略微减少。上述结果表明，SiO_2 棒溶解进入铁酸钙渣是一个纯溶解及扩散的过程，即 SiO_2 直接溶解进入渣中并开始扩散，与此同时，Ca 和 Fe 扩散进入 SiO_2 样品。

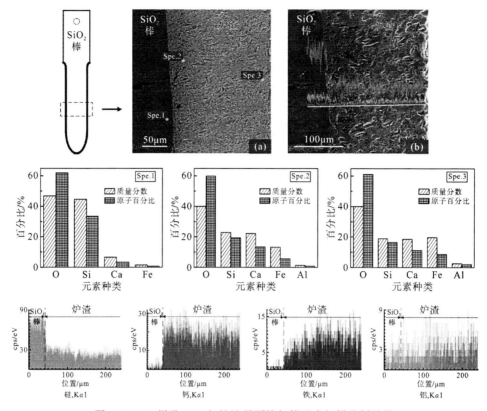

图 5.22   A3 样品 SiO₂ 与炉渣界面线扫描及点扫描分析结果

5.4   MgO 在铁酸钙中的溶解

图 5.23 为 1400℃时浸入时间对 MgO 圆柱体单位浸入深度溶解量的影响[8]，可以看出，溶解过程中 MgO 溶解量与实验时间呈良好的线性关系，实验中 MgO 棒溶解过程中与熔体的接触面积不断减小，说明与 Al₂O₃ 和 SiO₂ 类似，固液接触面积对 MgO 棒的溶解影响也不大。

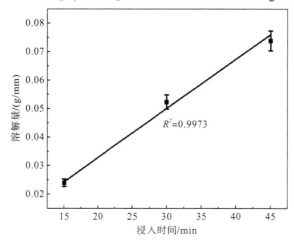

图 5.23   MgO 圆柱体单位浸入深度溶解量与浸入时间的关系(1400℃)

　　图 5.24 为 1400℃时圆柱体转速对 MgO 棒单位浸入深度溶解量的影响。MgO 棒的失重量与棒样转速成正比关系，由此可以推测，随着样品转速的增大，固液之间的扩散增强，MgO 圆柱体溶解速率增大。

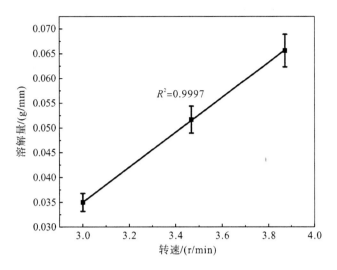

图 5.24　MgO 圆柱体单位浸入深度溶解量与转速的关系（1400℃）

　　图 5.25 为实验温度对 MgO 圆柱体单位浸入深度溶解量的影响。样品化学成分如下：A1 样品为 69.30% Fe_2O_3，53.03% $CaCO_3$，1.00% MgO，Fe_2O_3/CaO 质量比=2.33，A2 样品为 68.25% Fe_2O_3，52.23% $CaCO_3$，2.50% MgO，Fe_2O_3/CaO 质量比=2.33、A3 样品为 67.20% Fe_2O_3，51.43% $CaCO_3$，4.00% MgO，Fe_2O_3/CaO 质量比=2.33。可以看到，不同实验成分的 MgO 棒单位失重都与温度呈线性相关，这是因为温度提高，液态熔体的黏度降低，固液之间的反应速率加快，MgO 棒样溶解速率增大。当温度相同时，随着 MgO 含量的增大，黏度增大，固液间 MgO 的浓度差增大，MgO 的溶解速度减小。

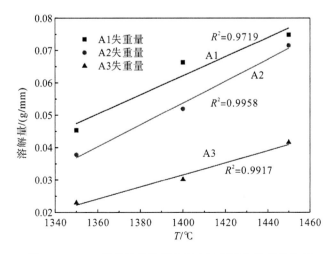

图 5.25　MgO 圆柱体单位浸入深度溶解量与温度的关系

　　图5.26及图5.27分别为MgO圆柱体单位浸入深度溶解量与铁酸钙初渣中MgO含量、Fe_2O_3/CaO质量比的关系。由图5.26可知,MgO样品单位浸入深度的溶解量随初渣中MgO含量的增多而减少,这是因为固液两相MgO浓度差减小,导致MgO浓度驱动力减小,从而降低了溶解速率。从图5.27可以看出,随着初渣中Fe_2O_3/CaO质量比的增加,MgO单位浸入深度的溶解量减小。理论计算结果表明,随着Fe_2O_3/CaO质量比的增加,黏度会增大,而爱因斯坦-斯托克斯关系式指出液体黏度与离子的扩散系数成反比,因此,溶解速率随黏度的增大而降低。

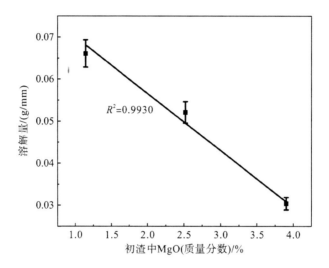

图5.26　MgO圆柱体单位浸入深度溶解量与铁酸钙初渣中MgO含量的关系(1400℃)

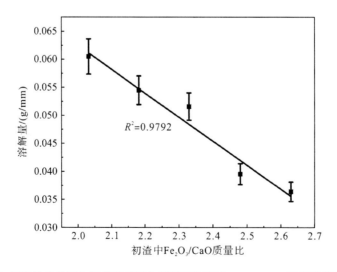

图5.27　MgO圆柱体单位浸入深度溶解量与铁酸钙初渣中Fe_2O_3/CaO质量比的关系(1400℃)

　　图5.28为MgO圆柱体单位浸入深度溶解量与铁酸钙初渣中SiO_2含量的关系,随着初渣中SiO_2含量的增加,MgO单位浸入深度的溶解量有先增大后减小的趋势,即MgO

的溶解速率先增大后减小。这是因为 Si^{4+} 会促进 Mg^{2+} 溶解进入铁酸钙熔体形成含镁复合铁酸钙，所以随着初渣中 SiO_2 含量的增加，溶解进入铁酸钙熔体的 Mg^{2+} 增多，同时也会提高熔体的黏度，所以当 SiO_2 添加量较少时，进入铁酸钙熔体的 Mg^{2+} 增多，且黏度变化也不大，溶解速率增大；当 SiO_2 添加量较多时，虽然进入铁酸钙熔体的 Mg^{2+} 增多，但是黏度显著增大，起到主导作用，熔体扩散能力下降，溶解速率随之下降。

为判断固液浓度差与熔体化学成分两者对溶解速率的重要性，单独对浓度差作图，如图 5.29 所示。由图 5.29 可知，MgO 溶解速率与固液 MgO 浓度差，即浓度驱动力成正比，但是可以发现，图中直线的延长线不过原点，这表明质量传输系数还可能受熔体化学成分的影响。图 5.30 为熔体中 MgO 含量对其黏度及 Mg^{2+} 扩散速率的影响。

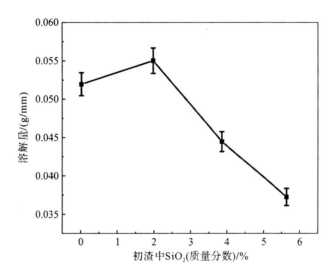

图 5.28　MgO 圆柱体单位浸入深度溶解量与铁酸钙初渣中 SiO_2 含量的关系（1400℃）

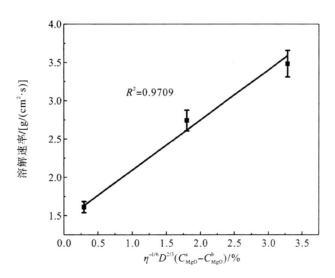

图 5.29　固液相 MgO 浓度差对其溶解速率的影响（1400℃）

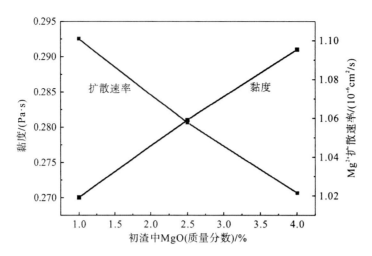

图 5.30 初渣中 MgO 含量对熔体黏度及 Mg^{2+} 扩散速率的影响（1400℃）

由图 5.30 可知，熔体中 MgO 含量的增加使得熔体的黏度增大，离子的扩散速率降低。在考虑熔体黏度及扩散因素的条件下作出溶解速率与固液相 MgO 浓度差关系的图，并且将理论数据与实验数据进行了对比，如图 5.31 所示，可见，经过修正后溶解速率与固液相 MgO 浓度差的线性关系更好且拟合直线通过原点。这表明固液两相的浓度差是 MgO 溶解过程的主驱动力，但熔体黏度、反应粒子在熔体中的扩散速率对 MgO 溶解过程也有一定的影响。

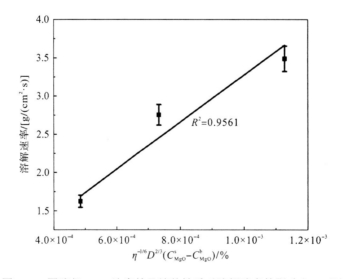

图 5.31 固液相 MgO 浓度差及熔体性质对溶解速率的影响（1400℃）

同样使用式(5.14)计算 MgO 溶解的活化能，如图 5.32 所示。通过求解得到的 A1 样品、A2 样品及 A3 样品的 MgO 溶解活化能分别为 117.31kJ/mol、149.64kJ/mol 及 234.24kJ/mol。随着样品中 MgO 含量的增大，活化能增大。

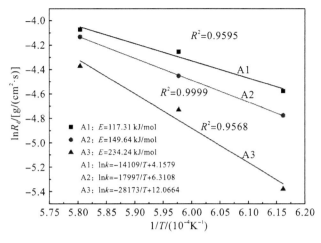

图 5.32　MgO 溶解活化能求解

固液界面的形貌采用 SEM 及 EDS 分析。通过对 MgO 圆柱体与渣界面的分析发现，样品与渣界面均有裂痕出现，且出现了明显的反应层。图 5.33 和图 5.34 所示为 A2 样品

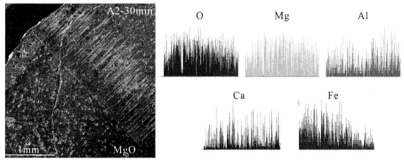

图 5.33　A2 样品溶解 30min 后固液界面元素分布

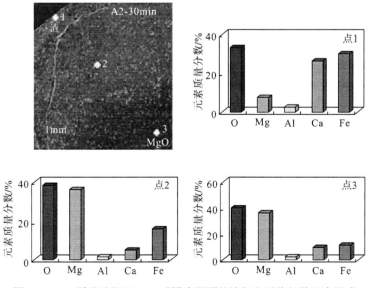

图 5.34　A2 样品溶解 30min 后固液界面处渣相主要物相的元素组成

棒样与渣界面的线扫描及点扫描结果。可以看出，从渣的边缘到 MgO 样品中心，元素 O、Al、Ca 几乎均匀分布，而元素 Mg 出现由外到里逐渐增加的趋势，元素 Fe 由外到里出现逐渐减少的趋势，说明渣与 MgO 之间发生了剧烈的侵蚀。比较元素 Ca、Fe 的分布，可以发现 Ca 在溶解过程中的移动能力远远强于 Fe。可见，MgO 在铁酸钙系熔体的溶解过程中，熔体不但在 MgO 样品表面发生了反应，而且还侵蚀到了棒样内部。

参 考 文 献

[1] Cooper A R, Kingery W D. Dissolution in ceramic systems: I, molecular diffusion, natural convection, and forced convection studies of sapphire dissolution in calcium aluminum silicate. Journal of American Ceramics Society, 1964, 47(1): 37-43.

[2] Sandhage K H, Yurek G J. Direct and indirect dissolution of sapphire in calcia-magnesia-alumina-silica melts: dissolution kinetics. Journal of American Ceramic Society, 1990, 73(12): 3633-4442.

[3] Harris K R. The fractional Stokes-Einstein equation: Application to Lennard-Jones, molecular, and ionic liquids. J. Chem. Phys. 2009, 131(5): 54-58.

[4] 黄希祜. 钢铁冶金原理(第3版). 北京: 冶金工业出版社, 2002: 211.

[5] Bui A H, HA H M, Chung I S, et al. Dissolution kinetics of alumina into mold fluxes for continuous steel casting. ISIJ International, 2005, 45(12): 1856-1863.

[6] Xiang S L, Lv X W, Yu B, et al. The dissolution kinetics of Al_2O_3 into molten CaO-Al_2O_3-Fe_2O_3 slag. Metallurgical and Materials Transactions B, 2014, 45(6): 2106-2117.

[7] Yu B, Lv X W, Xiang S L, et al. Dissolution kinetics of SiO_2 into CaO-Fe_2O_3-SiO_2 slag. Metallurgical and Materials Transactions B, 2016, 47(3): 2063-2071.

[8] Wei R R, Lv X W, Yue Z W, et al. The Dissolution Kinetics of MgO into CaO-MgO-Fe_2O_3 Slag. Metallurgical and Materials Transactions B, 2017, 48(1): 733-742.

第6章 烧结过程界面现象与微观结构

铁矿石烧结是一个依靠液相黏结固相的高温物理化学过程。随着温度的升高，烧结初始液相铁酸钙形成。铁酸钙熔体在固相表面铺展、流动，发生固液反应。润湿过程发生在烧结液相形成的初期，对烧结同化过程具有重要意义。在这个过程中，固相不断向液相中溶解，导致液相量不断增加，液相成分不断变化。润湿过程是液相在固相表面铺展，三相线（气固液界面交线）迁移同时伴随固液传质的过程。同化过程是烧结工艺的核心，在第5章固相在液相溶解的基础上研究铁酸钙熔体与脉石成分的润湿行为，对了解脉石成分对烧结同化行为的影响及烧结矿微观结构形成同样具有重要意义。

熔渣在氧化物上的润湿类型有两大类：惰性润湿和活性润湿[1]。熔渣不与基片发生反应的润湿称为惰性润湿，熔渣与基片发生反应的润湿称为活性润湿。根据发生反应类型的不同，活性润湿又分为溶解型润湿和反应型润湿。通常采用坐滴法测试润湿性，传统的坐滴法是将样品及基片同时放入炉膛中随炉升温，观察润湿行为[2]。但对于反应型润湿体系，存在在升温过程中固相界面发生反应的问题，会改变润湿界面及样品组成，从而影响实验结果。本研究采用改进的坐滴法，即通管滴落法进行润湿实验。如图6.1所示，该装置主要包括水平放置的基板、垂直放置的刚玉管和周围的钽加热体。具体包括炉体、真空抽气系统、高纯气体循环系统、压降和样品位置控制系统、拍摄系统和数据处理系统。在研究中采用不同成分的铁酸钙渣样品，铁酸钙渣样品的化学成分如表 6.1 所示，实验温度为1250℃。

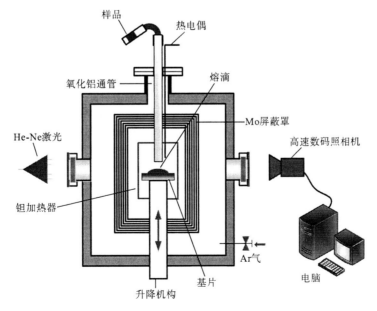

图6.1 高温高真空润湿性测试装置示意图

渣样品	Fe_2O_3	$CaCO_3$	添加剂
CF	74.01	46.41	—
CF2A	72.53	45.48	$2(Al_2O_3)$
CF2S	72.53	45.48	$2(SiO_2)$
CF2M	72.53	45.48	$2(MgO)$
CF2T	72.53	45.48	$2(TiO_2)$

表 6.1　铁酸钙渣样品的化学成分　　　　　（单位：质量分数，%）

6.1　铁酸钙与二氧化硅的润湿行为

6.1.1　润湿过程

铁酸钙渣在 SiO_2 表面的铺展过程如图 6.2 所示[3]。从图中可以看出，不同渣样品迅速熔化并在 SiO_2 表面铺展。在 150s 时，所有渣样品基本完全铺展在 SiO_2 表面，表明在 1250℃下铁酸钙渣在 SiO_2 表面具有良好的润湿性。

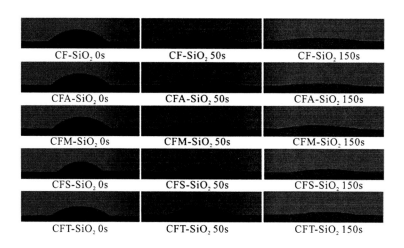

图 6.2　1250℃时铁酸钙渣样品在 SiO_2 基片的润湿过程

图 6.3 为 CF 样品在 SiO_2 表面润湿的表观接触角(θ)和归一化直径($N_d=d/d_0$)随时间的变化关系。$N_d=d/d_0$，其中，d 是任一时刻的液滴直径，d_0 为液滴的初始直径，同时 N_d 被定义为液滴的归一化直径。为了比较不同样品的实验数据，将液滴的直径和液滴高度进行归一化处理，即以不同时间的液滴直径及液滴高度除以它们的初始值。其初始表观接触角为 19°，最终表观接触角为 6°。液滴的归一化直径变化的持续时间为 180s，表观接触角变化持续时间接近 350s。根据归一化直径随时间的变化速率，CF 样品在 SiO_2 基片上的润湿过程可分为三个阶段：阶段 I 为线性铺展阶段，这个过程中液滴的归一化直径随时间线性增长；阶段 II 为铺展速率降低阶段，润湿过程中铺展速率随时间逐渐降低；

阶段Ⅲ为润湿平衡阶段。阶段Ⅲ中，液滴的归一化直径不随时间变化，达到润湿平衡，而此时表观接触角继续减小，但变化幅度不大。

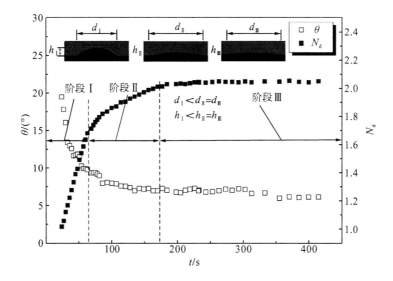

图 6.3　CF 样品在 SiO_2 上润湿后表观接触角及归一化直径随时间变化的关系

　　图 6.4 展示了不同铁酸钙渣样在 SiO_2 表面润湿后的表观接触角和归一化直径随时间的变化规律。其余四个铁酸钙渣样的铺展过程与 CF 系渣样基本类似，同时铺展过程根据归一化直径随时间变化情况也可以划分为三个阶段。表 6.2 总结了 CF 系渣样品在 SiO_2 上的铺展参数，其中，θ_e 为平衡表观接触角。CF2M 样品 θ_0(初始表观接触角)最大，而 CF 和 CF2S 样品分别具有最小的 θ_0 和 θ_e。

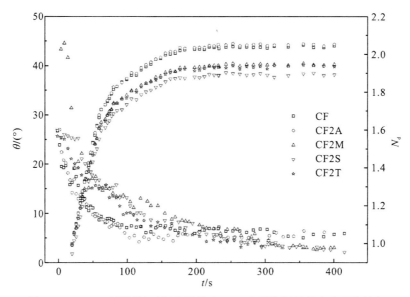

图 6.4　1523K 时不同铁酸钙渣样品在 SiO_2 表面润湿过程中表观接触角

及归一化直径随时间的变化关系

表 6.2　CF 系渣样品在 SiO$_2$ 上的铺展参数

渣样品	$\theta_0/(°)$	$\theta_e/(°)$	铺展时间/s
CF	19	6	180
CF2A	24	6	165
CF2M	45	4	170
CF2S	28	3	150
CF2T	27	5	170

6.1.2　界面微观结构

　　图 6.5 所示为 CF-SiO$_2$ 样品润湿后的界面微观结构的 SEM，图 6.6 为 CF-SiO$_2$ 样品的 EDS 线扫描结果。在靠近基片的液渣边界处硅含量较高，同时随着向熔渣中延伸，硅含量迅速降低，这表明熔渣液滴中存在 SiO$_2$ 的扩散边界层。SiO$_2$ 在浓度梯度的作用下向液渣中溶解，液渣中 SiO$_2$ 浓度从界面向炉渣本体中逐渐减小。其余 4 个铁酸钙渣样品的界面微观结构及其点扫描结果分别如图 6.7 和表 6.3 所示，类似于 CF-SiO$_2$ 样品的微观结构，润湿之后，其微观结构由三部分组成，即残渣（炉渣的灰色主体）、SiO$_2$ 晶体和块状 Fe$_2$O$_3$。SiO$_2$ 在所有熔渣样品中的溶解度都较高，这导致润湿过程中在 SiO$_2$ 基片上形成一个较深溶蚀坑。在 CF2A 样品中，如点扫描 2（Spe.2）所示，在熔渣中检测到少量 Al，由于 Al$_2$O$_3$ 的添加，使得渣中产生了少量 SFCA。在 CF2S 样品中，熔渣中 SiO$_2$ 的少量存在使得炉渣黏度略有提高，因此铺展阶段 II 中的铺展速率降低。其界面微观结构与 CF 系非常相似，这是由于两个样品的组成是一致的。但在 CF2S 样品中 SiO$_2$ 的含量比 CF 样品中高。在 CF2T 样品中，样品制备时会产生少量钙钛矿。钙钛矿是一种非常稳定的矿物，在润湿过程中不发生分解。CF2T 中的点扫描 2（Spe.2）表明炉渣中存在 Ti，可认为具有高熔点的稳定的钙钛矿固相质点分布在熔渣中，使得熔渣的黏度增加，因此铺展速率降低。另外，与其他体系不同的是，添加 MgO 的体系（CF2M）含有大量的细小 Fe$_2$O$_3$ 固溶体颗粒，固溶体也含有少量的 MgO。由于 Mg^{2+} 和 Fe^{2+} 的半径相近，它们以类质同象的形式相互取代，MgO 可与 Fe$_2$O$_3$ 反应生成高熔点镁铁尖晶石。在冷却过程中，Fe$_2$O$_3$ 围绕这些小颗粒以异象形核方式成核长大，最终在熔渣中生成大量 Fe$_2$O$_3$ 固溶体的小颗粒。在润湿过程中，SiO$_2$ 基片首先向熔渣中溶解，由于扩散过程属非稳态扩散，SiO$_2$ 向基片的溶解扩散过程可以用菲克第二定律来描述。假定 SiO$_2$ 溶解仅发生在传质边界层，随着距离的增加，炉渣中 SiO$_2$ 的浓度呈指数下降。在冷却过程中结晶导致形成界面微观结构，具有高熔点的树枝状和雪花状的 SiO$_2$ 晶体最先在熔渣中结晶析出，并且由于温度梯度和过冷度，枝晶沿着液渣-基片界面向熔渣中生长。SiO$_2$ 的结晶生长产生了结晶潜热，在温度梯度下，促进了树枝状晶体形成。随后，在 SiO$_2$ 周围析出熔点为 1318℃的 Fe$_2$O$_3$ 固溶体。这些现象均表明，在 SiO$_2$ 上润湿体系属于溶解型润湿。

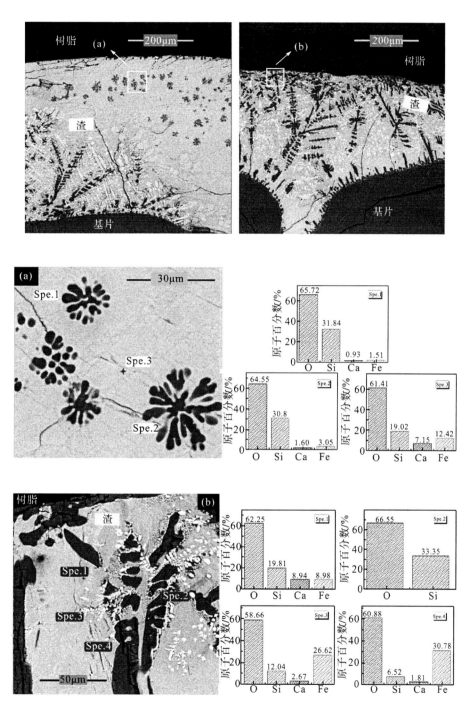

图 6.5　CF-SiO$_2$ 样品的界面微观结构区域(a) 的 SEM 图像
及点扫描和区域(b) 的 SEM 图像及点扫描

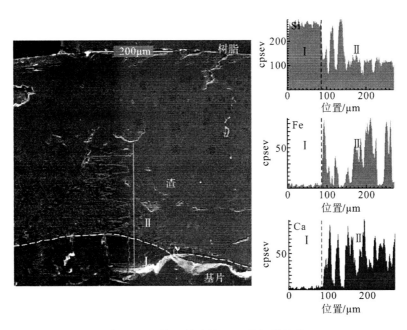

图 6.6　CF 渣及基片的 EDS 线扫描结果

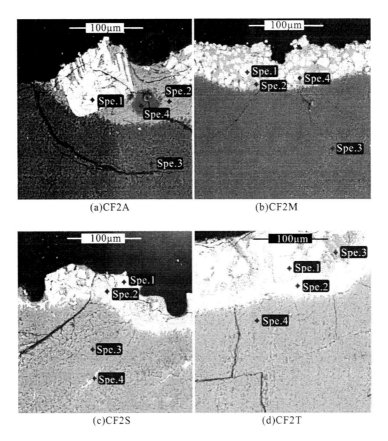

图 6.7　其他样品的界面微观结构

表 6.3　其他样品的点扫描结果　　　　　　　（单位：原子百分数，%）

样品	扫描点	O	Ca	Fe	Si	Al	Mg	Ti
CF2A	Spe.1	62.37	0	37.63	0	0	—	—
	Spe.2	53.78	12.73	8.29	24.22	0.97	—	—
	Spe.3	67.93	0	0	32.07	0	—	—
	Spe.4	66.66	0.42	0.49	32.43	0	—	—
CF2M	Spe.1	57.76	5.56	22.37	13.30	—	1.01	—
	Spe.2	60.67	9.21	9.03	20.46	—	0.63	—
	Spe.3	69.84	0.25	0.31	29.59	—	0	—
	Spe.4	70.22	3.52	4.64	21.13	—	0.49	—
CF2S	Spe.1	61.34	0	38.86	0	—	—	—
	Spe.2	62.52	10.97	7.17	19.33	—	—	—
	Spe.3	65.05	34.95	0	0	—	—	—
	Spe.4	69.41	0.61	29.97	0	—	—	—
CF2T	Spe.1	56.18	0	43.82	0	—	—	0
	Spe.2	64.16	6.69	10.26	18.51	—	—	0.37
	Spe.3	67.62	0	0.29	32.09	—	—	0
	Spe.4	30.41	0	0	69.59	—	—	0

6.2　铁酸钙与氧化铝的润湿行为

6.2.1　润湿过程

1250℃下，铁酸钙渣在 Al_2O_3 基片上的润湿过程如图 6.8 所示[4]。图 6.9 是实验后得到的各体系的湿润表观平均接触角随时间的变化规律。从图中可以看出，每个渣样品均能在 Al_2O_3 基片表面铺展开来。除 CF2S 样品外，其余样品在 200s 后铺展速度均减慢直到达到平衡状态(表观接触角不再随时间变化)，此时对应的表观接触角为平衡表观接触角。铁酸钙在 Al_2O_3 上的润湿过程分为两个阶段。第一阶段为快速铺展阶段，在 0～200s 时，表观接触角快速减小，液滴在 Al_2O_3 表面快速铺展。第二阶段为铺展平衡阶段，200s 以后，表观接触角基本不随时间变化，达到铺展平衡。表 6.4 为各渣样与 Al_2O_3 基片润湿时的平衡表观接触角，各体系的平衡表观接触角为 11°～16°，表明铁酸钙渣与 Al_2O_3 基片间有较好的润湿性。

(a)CF-Al_2O_3 0s　　　　　(b)CF-Al_2O_3 90s　　　　　(c)CF-Al_2O_3 504s

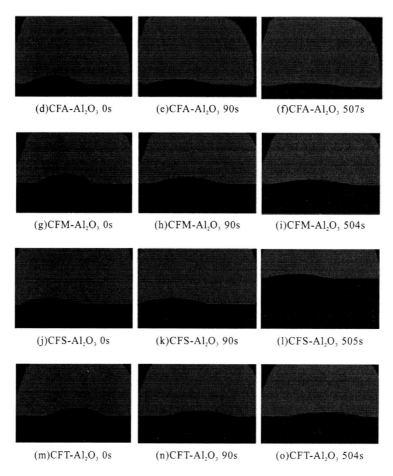

(d)CFA-Al₂O₃ 0s   (e)CFA-Al₂O₃ 90s   (f)CFA-Al₂O₃ 507s

(g)CFM-Al₂O₃ 0s   (h)CFM-Al₂O₃ 90s   (i)CFM-Al₂O₃ 504s

(j)CFS-Al₂O₃ 0s   (k)CFS-Al₂O₃ 90s   (l)CFS-Al₂O₃ 505s

(m)CFT-Al₂O₃ 0s   (n)CFT-Al₂O₃ 90s   (o)CFT-Al₂O₃ 504s

图 6.8   1250℃时铁酸钙渣在 Al₂O₃ 基片上的润湿过程

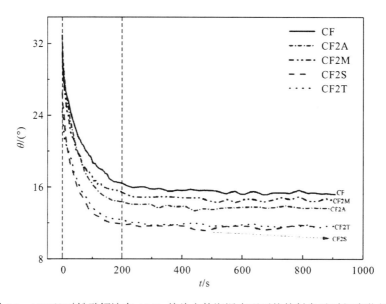

图 6.9   1250℃时铁酸钙渣在 Al₂O₃ 基片上的润湿表观平均接触角随时间变化规律

表 6.4 铁酸钙渣在 Al_2O_3 基片上润湿后的平衡表观接触角

铁酸钙渣样	CF	CF2A	CF2S	CF2M	CF2T
表观接触角/(°)	15.3	13.8	14.6	11.5	11.7

6.2.2 界面微观结构

图 6.10 为在 1250℃铁酸钙渣在 Al_2O_3 基片上润湿后的界面微观结构。如图 6.10(a)、(a′)所示，Al_2O_3 基片的溶蚀痕迹随着体系三相线的移动而移动(也就是溶蚀痕迹与液滴三相线几乎重合)，这反映出溶解对润湿过程的驱动。另外，溶蚀深度从三相线到液滴中心逐渐变深。图 6.10(b)、(c)表明渣相可以分为三层(Ⅰ、Ⅱ、Ⅲ)。层Ⅰ由块状晶体组成。根据点扫描 1 可知它是固溶了 Al_2O_3 和 Fe_2O_3 的固溶体，并且溶质是 Fe_2O_3。由于 Al_2O_3 和 Fe_2O_3 具有相同的晶体结构，溶解到熔体里的 Al_2O_3 会起到和 Fe_2O_3 相同的作用，所以 Al_2O_3 和 Fe_2O_3 的总摩尔数大于 CaO 的摩尔数。在冷却过程中，高熔点的 Fe_2O_3 固溶体(熔点为 1318℃)将首先在界面析出，因为固相颗粒更容易在固液界面处进行非均相形核。初始晶核形成后，晶体沿垂直于界面的方向生长。同时，元素在固液相间的分配系数存在差异，部分区域液相成分接近铝酸钙，Fe_2O_3 固溶体间形成含 Fe_2O_3 的铝酸钙晶粒(如点扫描 2 所示)。不连续的层Ⅲ由板条状的晶体组成。如点扫描 3 所示，它是熔点为 1362℃的铝酸钙相。在冷却过程中，由于表面比中心冷却得快，所以在表面形成了高熔点的铝酸钙晶体并且将沿着熔体内部生长。层Ⅱ由长条状的晶体组成。如点扫描 4 所示，它是固溶了 Al_2O_3 的铁酸钙固溶体，其化学成分可以表示为 $Ca(Fe_x, Al_{1-x})_2O_4$，固溶体通过 Al^{3+} 和 Fe^{3+} 的相互取代而形成。这些现象都表明铁酸钙渣在 Al_2O_3 上的润湿属于溶解型润湿。

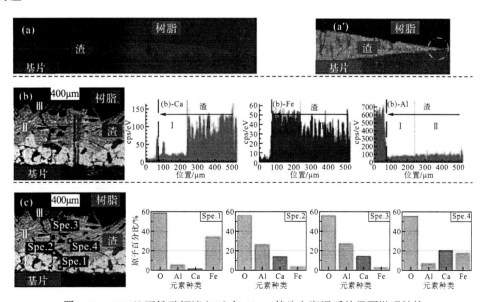

图 6.10 1250℃下铁酸钙渣(CF)在 Al_2O_3 基片上润湿后的界面微观结构

注：(b)为线扫描图；(c)为点扫描图

　　图 6.11 是其他铁酸钙熔体与 Al_2O_3 基片间润湿后的界面微观结构。从图中可以看出，润湿后 CFA、CFS、CFT 体系与 CF 体系具有相似的界面微观结构和产物。也就是说，结晶后渣中都具备三层结构特征。层 I 是含有 Al_2O_3 的块状 Fe_2O_3 固溶体相，同时还有一些瘤状的铝酸钙分布其中。层 II 由含有 Al_2O_3 的柱状铁酸钙组成，层 III 由板条状的铝酸钙晶体组成。这些体系的不同之处在于各体系中均生成了各自的独有产物。如图 6.11 的点扫描 4 所示，在添加了 SiO_2 的体系中生成了针状的复合铁酸钙，并且这些复合铁酸钙随机地分布在层 II 内。这也是 SiO_2 在渣中的唯一存在形式。添加了 TiO_2 的体系则在层 II 内生成了 $CaTiO_3$，并且生成的钙钛矿相对均匀地分布在层 II 内。实验后，添加了 MgO 的体系的截面微观结构及生成产物则与其他体系的不尽相同。如图 6.11(d) 中的点扫描 1 所示，整个渣的主体是一个含有 Fe_2O_3、CaO、Al_2O_3、MgO 的固溶体，并且 Ca 和 (Fe, Al) 的摩尔比接近 1∶2，即铁酸一钙成分。同时，点扫描 2 和点扫描 3 表明含有 Fe_2O_3 的块状的铝酸钙 ($CaAl_2O_4$) 和含有 Al_2O_3 的 Fe_2O_3 固溶体较为均匀地分布在主体相中。

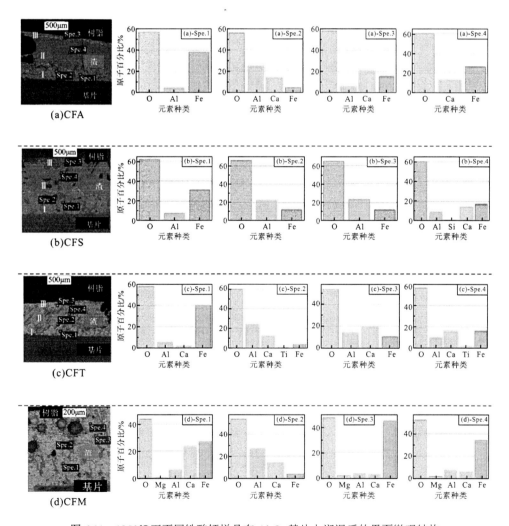

图 6.11　1250℃下不同铁酸钙样品在 Al_2O_3 基片上润湿后的界面微观结构

6.3 铁酸钙与氧化镁的润湿行为

6.3.1 润湿过程

1250℃下，铁酸钙系熔体在 MgO 基片上的润湿过程如图 6.12 所示[5]。所有的渣样熔化后均能在 MgO 基片上均匀快速地铺展开来。并且每个体系的初始表观接触角(θ) 均小于 90°。铺展过程结束后，CF 和 CFM 渣几乎与 MgO 基片完全润湿。图 6.13 是各体系表观接触角随时间的变化关系。从图中可以看出，铁酸钙系熔渣与 MgO 基片间的润湿行为要比铁酸钙系熔渣与 Al_2O_3 基片间的润湿行为更为复杂。除 CFM 体系外，所有的渣熔化后都快速地在 MgO 基片上铺展开来，但是这个过程并没有持续很长时间(阶段 I)。紧接着，铺展过程进入一个相对稳定的阶段(阶段 II)并持续几十秒，具体时长各体系均不相同，此时表观接触角几乎不变。之后，渣再次在 MgO 基片上铺展(阶段III)直到达到最终的平衡状态(阶段IV)，之后表观接触角不再随时间变化。与这四个体系不同的是，CFM 体系的铺展过程只持续了两个阶段。

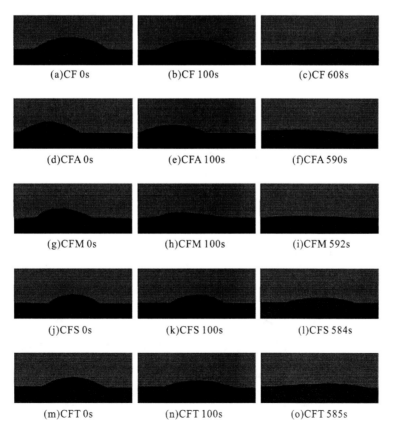

(a)CF 0s   (b)CF 100s   (c)CF 608s

(d)CFA 0s   (e)CFA 100s   (f)CFA 590s

(g)CFM 0s   (h)CFM 100s   (i)CFM 592s

(j)CFS 0s   (k)CFS 100s   (l)CFS 584s

(m)CFT 0s   (n)CFT 100s   (o)CFT 585s

图 6.12 1250℃下不同铁酸钙渣样品在 MgO 基片上的润湿过程

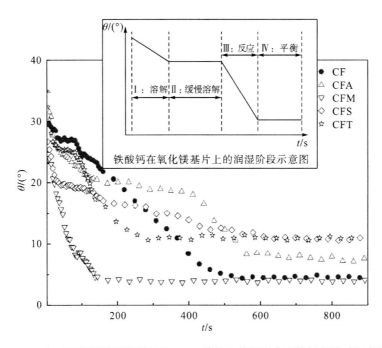

图 6.13　1250℃下不同铁酸钙渣样品在 MgO 基片上的润湿表观接触角随时间变化规律

　　各体系的初始表观接触角、平衡表观接触角(θ_e)及铺展时间汇总于表 6.5，所有的初始表观接触角和平衡表观接触角都小于 40°，说明铁酸钙系渣与 MgO 基片间的润湿性较好。添加 MgO 和 TiO$_2$ 的铁酸钙系渣与 MgO 基片润湿的铺展时间短于铁酸钙渣与 MgO 基片润湿的铺展时间，即添加 MgO 和 TiO$_2$ 可以加快铁酸钙渣与 MgO 基片间的润湿过程。与此相反的是，添加 Al$_2$O$_3$ 和 SiO$_2$ 的铁酸钙渣与 MgO 基片润湿的铺展时间长于铁酸钙渣与 MgO 基片润湿的铺展时间，即添加 Al$_2$O$_3$ 和 SiO$_2$ 可以减慢铁酸钙渣与 MgO 基片间的润湿过程。此外，添加了 Al$_2$O$_3$、SiO$_2$ 和 TiO$_2$ 的体系的平衡表观接触角大于 CF 体系的平衡表观接触角，即添加 Al$_2$O$_3$、SiO$_2$ 和 TiO$_2$ 对铁酸钙与 MgO 基片间的润湿性起到一定的抑制作用。而添加 MgO 对铁酸钙与 MgO 基片间的润湿性影响甚微。

表 6.5　各体系的初始表观接触角、平衡表观接触角及铺展时间

样品	CF	CF2A	CF2S	CF2M	CF2T
初始表观接触角/(°)	29.8	34.9	23.6	26.3	32.3
平衡表观接触角/(°)	4.5	7.7	3.8	10.8	10.9
铺展时间/s	458	640	352	540	255

6.3.2　界面微观结构

　　图 6.14 是 CF-MgO 基片润湿体系纵截面的界面微观结构及其点扫描、线扫描结果。其中，图 6.14(a′)是图 6.14(a)润湿过程的示意图。三相线和溶蚀痕迹是否重合，还有待进一步的实验证实。图 6.14(b)的线扫描和图 6.14(c)的点扫描表明渣相可以根据产物组成

分成两层：靠近渣基界面的层 I 富含 MgO 和铁氧化物；层 I 外侧是由铁酸一钙和铁酸二钙交错分布组成的层 II。并且从层 I 远离基片的一侧到基片内一段距离，铁氧化物的浓度（$C_{Fe_xO_y}$）逐渐降低而 MgO 的浓度（C_{MgO}）逐渐升高。此外，CaO 在层 I 内的浓度（C_{CaO}）以及 MgO 在层 II 内的含量都非常低。

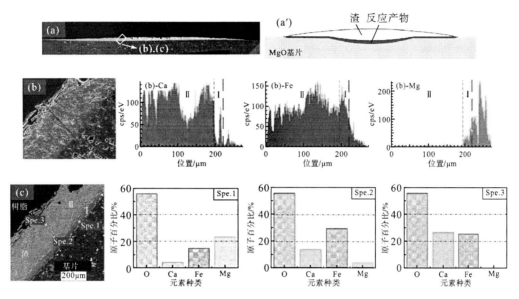

图 6.14　1250℃下铁酸钙渣（CF）在 MgO 基片上润湿后的界面微观结构

注：(b) 为线扫描图；(c) 为点扫描图

图 6.15 是其他体系润湿后纵截面的界面微观结构及其点扫描结果。可以看出，和 MgO 体系一样，渣相分为两层：靠近渣基界面的层 I 富含 MgO 和铁氧化物，层 I 外侧是由铁酸一钙和铁酸二钙交错分布组成的层 II。点扫描结果显示这四个体系的铁氧化物、CaO 及 MgO 浓度的分布情况也和 CF-MgO 体系的一样。而最初加入的 Al_2O_3、SiO_2 和 TiO_2 等几乎都分布在层 II 内，以 CaO-Al_2O_3-Fe_2O_3（CFA）、$2CaO \cdot SiO_2$（C_2S）、$CaO \cdot TiO_2$（CT）等化合物的形式存在。当渣与 MgO 基片润湿时，除 CFM 的其他四体系，由于 MgO 能少量溶解于渣中，因此渣熔化后将在基片上铺展（图 6.13 中阶段 I），并且这个阶段的铺展由溶解驱动。但是 MgO 在渣中的溶解度相对较小，所以这个铺展过程只持续了较短的时间（约几十秒）便达到了最大溶解量。此时，体系达到了短暂的平衡阶段。检测的结果表明，层 I 内主要含 Fe_xO_y 和 MgO，并且 MgO 的浓度远高于其饱和溶解度，说明 MgO 饱和后，很有可能与渣中的 Fe_xO_y 发生反应形成了新的化合物。实际上，这种反应是可以发生的。Mg^{2+} 和 Fe^{2+} 离子半径相近（Mg^{2+} 为 0.78Å，Fe^{2+} 为 0.83Å），相互之间可以取代，形成连续的完全类质同象。也就是说，Mg^{2+} 可以进入 FeO 晶格中，与 Fe_2O_3 一起生成（Mg, Fe）$O \cdot Fe_2O_3$。Ca^{2+} 含量高的区域内 Mg^{2+} 含量很低，Mg^{2+} 含量高的区域内 Ca^{2+} 含量很低。MgO 和 FeO 可以形成连续的 $MgO \cdot FeO$ 固溶体，但 CaO 和 FeO 却很难形成连续固溶体。图 6.16 为 1250℃铁酸钙渣样品在 MgO 基片上润湿前沿发展情况，可以看出铁酸钙渣系沿着基片横向扩展，润湿前沿已经深入到了基片的边缘。

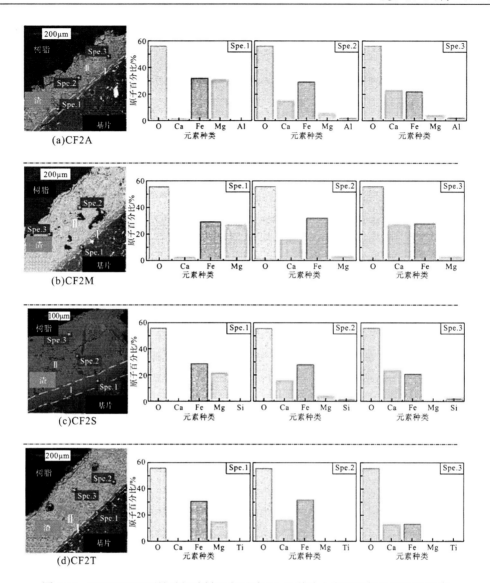

图 6.15　1250℃下不同铁酸钙渣样品(CF)在 MgO 基片上润湿后的界面微观结构

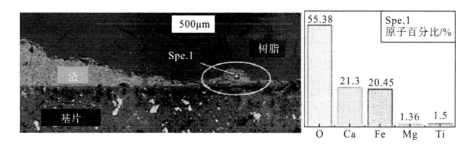

图 6.16　1250℃下铁酸钙渣样品(CF)在 MgO 基片上润湿后的界面微观结构

6.4　铁酸钙与二氧化钛的润湿行为

6.4.1　润湿过程

1250℃时，铁酸钙渣在 TiO_2 基片上的润湿铺展过程如图 6.17 所示[6]。所有熔渣样在熔化后都沿着 TiO_2 基片铺展开，随着铺展的进行，渣滴形状逐渐由球冠状变得不规则。当液滴形状变不规则时，表观接触角测量就失去了意义，因此采用液滴的归一化直径来衡量液渣在 TiO_2 上的润湿性。CF 和 CF2M 样品在铺展结束后的液滴形状变化如图 6.17 所示。熔渣中析出的固相，炉渣的宽度略有变化，说明析出的赤铁矿继续与二氧化钛基片反应。正如在前面提到的，两个主要的高熔点固相钙钛矿(2248K)和赤铁矿(1828K)在渣中析出。随着液相量的逐渐减小，渣滴在表面张力下不能保持球冠状。

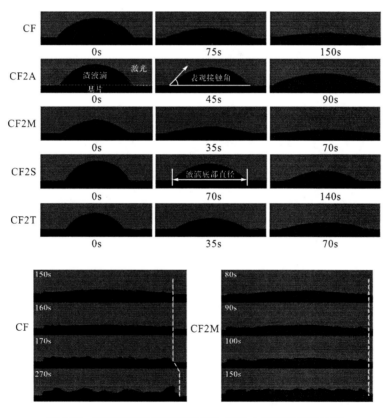

图 6.17　1250℃下铁酸钙渣在 TiO_2 基片上的润湿铺展过程

1523K 下各渣样的表观接触角 θ 和归一化直径 N_d 如图 6.18 所示。各系统的初始表观接触角为 30°～50°，平衡表观接触角小于 30°，表明所有样品与 TiO_2 基片都具有良好的润湿性。除了 CF2M 样品外，θ 随时间的变化都近似线性减小。CF、CF2A、CF2M、CF2S 和 CF2T 样品的铺展时间分别为 120s、200s、75s、150s 和 110s。根据归一化直径(N_d)随时间的变化，铺展过程可分为四个动态阶段。如图 6.18 所示，在阶段 I 中，N_d 随时间快速变化，该阶段的持续时间大约为 20s。此阶段的铺展属于物理铺展。物理铺展阶段主要受惯性力和黏滞力的作用。对于熔渣-氧化物润湿体系，其渣的黏度不可忽略，黏度是渣铺展的阻力。重力和固液界面张力是铺展的驱动力，黏度是该阶段的阻力。如图 6.18 所示，阶段 II 和阶段III中 N_d 随时间线性增加，这两个阶段称为线性扩展阶段，但这两个阶段的斜率不同，也就是铺展速率不同，阶段III的铺展速率高于阶段 II。在这两个线性扩展阶段，熔渣与 TiO_2 基片在界面上发生反应形成 $CaTiO_3$，阶段 II 和阶段III属于化学反应控制铺展，并且在液-固界面($CF\text{-}TiO_2$)处的化学反应对铺展具有显著影响。最后阶段为平衡阶段，TiO_2 溶解和所有化学反应均结束，体系达到了稳定的平衡阶段。

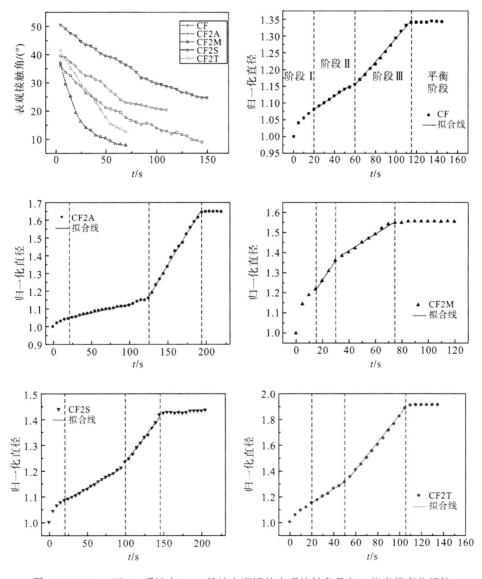

图 6.18   1523K 下 CF 系渣在 TiO_2 基片上润湿的表观接触角及归一化直径变化规律

6.4.2　界面微观结构

如图 6.19 所示为 1250℃时 CF 在 TiO_2 基底润湿之后的截面显微结构照片。一个明显的特征就是在三相线(气固液)外出现一个较薄的反应产物层,此层称为润湿前驱膜。延伸到液滴外部的润湿前驱膜由 $CaTiO_3$ 和 $FeTi_2O_5$ 组成,长度约为 $50\mu m$,厚度约为 $10\mu m$。对于化学反应控制的铺展过程,界面反应在界面处产生了新的化合物($CaTiO_3$),并改变了基片和液渣之间的固液界面,表明 CF-TiO_2 润湿体系属于反应型润湿。值得注意的是,固液界面前沿处形成了一些形状规则的圆孔,这是由于在实验条件下(1523K, p_{O_2} < $10^{-10}Pa$),Fe_2O_3 分解产生了 O_2。

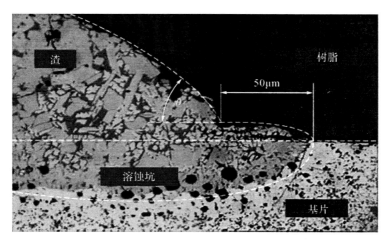

图 6.19　CF 样品横截面靠近三相线处的矿相图片

CF 样品在 TiO_2 表面上润湿之后的 SEM 图像及 EDS 点扫描结果如图 6.20 所示。根据不同的反应产物相对位置,润湿之后界面结构大致可以分为三层,这三层在图 6.20 中已标出。最上层由 $CaTiO_3$ 和 Fe_2O_3 组成,中间层由 $CaTiO_3$、Fe_2TiO_5 和 $FeTiO_3$ 组成,底层全部由钛铁氧化物(Fe_2TiO_5 和 $FeTiO_3$)组成。如图 6.20 中的点扫描(3)和点扫描(4)所示,明亮区域的成分为赤铁矿和少量的钛铁矿。在点扫描(1)和点扫描(2)中,较暗的区域为钙钛矿。在点扫描(5)、点扫描(6)和点扫描(7)中,钛铁氧化物和钙钛矿交替分布在反应层中。这是因为 Fe_2O_3-FeO-TiO_2 体系中存在多种化合物,并且该体系中的钛铁氧化物种类十分复杂。在润湿实验后,将样品研磨成粉末进行 XRD 分析,其 XRD 图谱如图 6.21 所示。可以观察到,钛铁氧化物的组成为 Fe_2TiO_5 和 $FeTiO_3$。在残渣中未检测到原始组分铁酸钙,表明 CF 完全与 TiO_2 反应生成钙钛矿和钛铁氧化物。熔渣和固相基片的界面及组成随着润湿的进行而被完全改变。严格来说,最终阶段的铺展已经不是单纯意义上的铁酸钙在 TiO_2 上的润湿,而是伴随着界面化学反应,以及固相的形成,这表明界面化学反应对润湿有很大影响。在润湿的过程中,TiO_2 基质的溶解与固相反应产物的析出($CaTiO_3$ 和 Fe_2O_3),使界面现象十分复杂。界面微观结构形成机理如图 6.22 所示,其形成阶段可以分为四个步骤:步骤Ⅰ,TiO_2 基片向渣内溶解;步骤Ⅱ,钙钛矿与赤铁矿在渣中析出;

步骤Ⅲ，不同产物根据密度分层和持续铺展；步骤Ⅳ，冷却结晶到平衡。在步骤Ⅰ中：随着润湿过程进行，TiO_2 溶解于 CF 渣中，然后当渣中的 TiO_2 含量达到临界浓度时发生反应（CF+TiO_2══$CaTiO_3$+Fe_2O_3）（步骤Ⅱ）。液态 CF、$CaTiO_3$ 和 Fe_2O_3 的密度分别为 $4.85g/cm^3$、$3.97g/cm^3$ 和 $5.24g/cm^3$。根据不同的密度分层，较轻的 $CaTiO_3$ 和较重的 Fe_2O_3 分别聚集在炉渣的顶层和底层（步骤Ⅲ）。

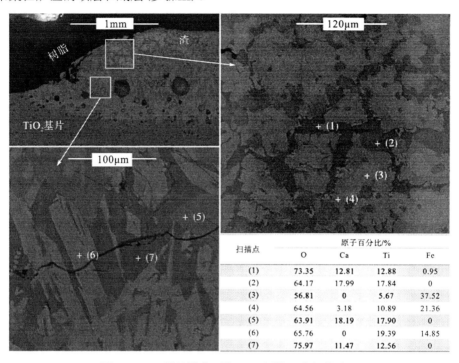

扫描点	原子百分比/%			
	O	Ca	Ti	Fe
(1)	73.35	12.81	12.88	0.95
(2)	64.17	17.99	17.84	0
(3)	56.81	0	5.67	37.52
(4)	64.56	3.18	10.89	21.36
(5)	63.91	18.19	17.90	0
(6)	65.76	0	19.39	14.85
(7)	75.97	11.47	12.56	0

图 6.20　CF 样品横截面的 SEM 图像及点扫描结果

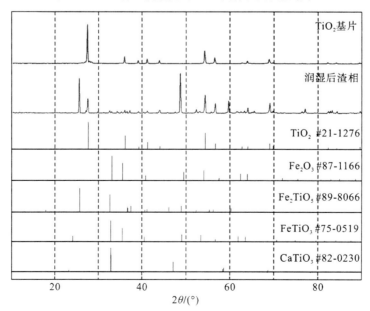

图 6.21　基片及样品润湿之后的 XRD 图谱

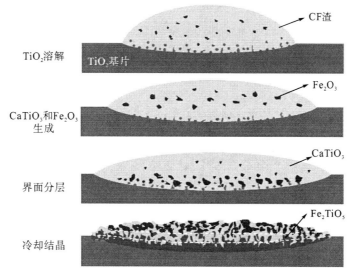

图 6.22 界面微观结构形成机理

Fe$_2$O$_3$ 与 TiO$_2$ 反应生成钛铁氧化物，在冷却的过程中保留下来。在润湿过程中，大量的固相颗粒在渣中析出，导致液相比例减少及熔渣黏度显著增大，进一步抑制了 TiO$_2$ 的扩散和 CaTiO$_3$ 与 Fe$_2$O$_3$ 的迁移。因此，在炉渣的顶层检测到 Fe$_2$O$_3$ 固溶体。这种结构可以解释在烧结矿中添加少量 TiO$_2$(5%)时烧结矿还原性会适当增加。通常，还原性序列 Fe$_2$O$_3$>CF，Fe$_2$O$_3$ 在结晶相中的增加有利于提高其还原性。少量的 TiO$_2$ 存在会使 Fe$_2$O$_3$ 的含量增加，并且 Fe$_2$O$_3$ 会聚集在炉渣中的顶层(表层)。

CF2A、CF2S、CF2M 和 CF2T 样品的横截面微观结构和 EDS 点扫描如图 6.23 所示。CF2M 体系的界面形貌与 CF 体系相似，但其他体系(CF2A、CF2S 和 CF2T)与 CF 体系不同。在原料中加入 Al$_2$O$_3$、MgO、SiO$_2$ 和 TiO$_2$，导致炉渣样品中产生新物相。

样品	扫描点	原子百分比/%				
		O	Al	Ca	Ti	Fe
CF2A	(1)	65.77	0.00	17.25	16.98	0.00
	(2)	73.19	8.20	10.57	4.75	3.29
	(3)	64.45	0.00	0.00	10.14	25.41
	(4)	66.46	2.29	0.00	16.29	14.96

样品	扫描点	原子百分比/%				
		O	Mg	Ca	Ti	Fe
CF2M	(1)	53.69	2.50	1.86	0.00	41.95
	(2)	62.82	0.00	21.33	4.24	11.61
	(3)	60.64	0.00	19.20	18.21	1.96
	(4)	80.09	0.00	11.23	2.26	6.42
	(5)	65.28	0.00	0.00	19.05	15.67

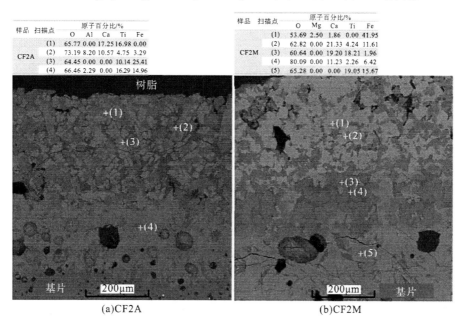

(a)CF2A   (b)CF2M

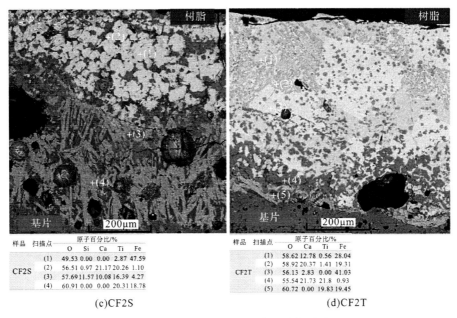

样品	扫描点	原子百分比/%				
		O	Si	Ca	Ti	Fe
	(1)	49.53	0.00	0.00	2.87	47.59
	(2)	56.51	0.97	21.17	20.26	1.10
CF2S	(3)	57.69	11.57	10.08	16.39	4.27
	(4)	60.91	0.00	0.00	20.31	18.78

(c)CF2S

样品	扫描点	原子百分比/%			
		O	Ca	Ti	Fe
	(1)	58.62	12.78	0.56	28.04
	(2)	58.92	20.37	1.41	19.31
CF2T	(3)	56.13	2.83	0.00	41.03
	(4)	55.54	21.73	21.8	0.93
	(5)	60.72	0.00	19.83	19.45

(d)CF2T

图 6.23   其他样品的 SEM 图像及点扫描结果

在 CF2M 样品中，与 CF 系统类似，残渣也可大致分为三层，顶层由 $CaTiO_3$ 和 Fe_2O_3 组成，中间层由 $CaTiO_3$ 和 Fe_2TiO_5 组成，底层几乎全为 Fe_2TiO_5 和 $FeTiO_3$。但在 CF2M 体系中存在更多的细小的 Fe_2O_3 固溶体颗粒。在 CF2M 体系中，MgO 不与 CaO 反应，但会与 Fe_2O_3 反应生成熔点高的镁铁尖晶石（$MgFe_2O_4$）。Fe_2O_3 后序在镁铁尖晶石表面上以非均相成核的方式析出，并最终生成许多细小的 Fe_2O_3 固溶体弥散在渣中。

在 CF2A 样品中，第二层分界不明显，并且在钛铁氧化物固溶体中检测到一些 Al_2O_3，可以推断炉渣中含有 $CaAl_2O_4$。但由于 $CaAl_2O_4$ 的含量太低而不能在 XRD 中检测到。加入 Al_2O_3 后液态渣的黏度增大。在 CF2S 体系中，少量的 $CaSiO_3$ 分布在炉渣中，中间层和底层有大量的柱状晶体。类似于 CF2A 体系，SiO_2 增大了液态渣的黏度，导致 TiO_2 的迁移速率减小和产物减少。

但是在 CF2T 样品中，与其他四种体系不同，在炉渣中检测到铁酸钙（CF 和 CF_2），并且在炉渣中分散了许多细小的钙钛矿颗粒。在制备矿渣样品部分时，原矿渣样品中产生钙钛矿。当熔渣沿基体熔化并铺展时，一些钙钛矿被吸附到 TiO_2 基底上，导致反应生成的钙钛矿沿渣中初始的钙钛矿析出生长。在界面处形成含有钙钛矿、Fe_2TiO_5 和 $FeTiO_3$ 的致密层，从而阻止了 TiO_2 进一步扩散到炉渣中，导致 CF 和 CF_2 保留在炉渣中。钙钛矿与这些小颗粒成核，为异相成核并最终在炉渣中产生。CF2T 体系中钙钛矿的量少于其他四个样品中的钙钛矿的量。在实验中，铁酸钙的分解使得游离的 CaO 与 Fe_2O_3 在渣中增加，一方面 CaO 与 TiO_2 结合形成高熔点钙钛矿，同时赤铁矿溶解度大于极限溶解度后从渣中析出。随着钙钛矿与赤铁矿在润湿界面的析出与富集，此时 CaO 的相对含量降低，当 CaO 浓度达到钙钛矿形成反应的反应物浓度阈值时，钙钛矿形成反应停止。同时，可以在电镜下的微观结构中观察到钙钛矿产物层在润湿界面上的不连续分布，说明钙钛矿未完全在润湿固液界面上覆盖，钙钛矿形成反应停止。TiO_2 不断向渣中溶解，渣相主体中的 CaO 不断扩散到界面处形成钙钛矿，渣中 CaO 的扩散是钙钛矿形成反应的限制性环节。

6.5　铁酸钙与不同脉石成分的润湿行为比较

铁酸钙在氧化物上都有良好的润湿性，平衡后表观接触角介于 6°～20°。铁酸钙在 Al_2O_3 和 SiO_2 上的润湿属于溶解型润湿，在 MgO 和 TiO_2 上的润湿属于反应型润湿。铁酸钙在 SiO_2 上的润湿分为三个阶段：线性润湿阶段、铺展速率降低阶段和铺展平衡阶段。铁酸钙在 Al_2O_3 上的润湿分为两个阶段：快速铺展阶段和铺展平衡阶段。铁酸钙在 MgO 和 TiO_2 上的润湿分为四个阶段。铁酸钙在 SiO_2 上润湿后，渣中有 SiO_2 和 Fe_2O_3 析出；铁酸钙在 Al_2O_3 上润湿后，渣中形成 $CaAl_2O_4$；铁酸钙在 MgO 和 TiO_2 上润湿后，渣中分别析出 $MgFe_2O_4$ 和 $CaTiO_3$。

铁酸钙在不同氧化物上有不同的润湿行为。铁酸钙在氧化物上的润湿属于活性润湿，在 SiO_2 及 Al_2O_3 上的润湿属于溶解型润湿，在 MgO 及 TiO_2 上的润湿属于反应型润湿。铁酸钙在不同氧化物基片上的润湿行为如图 6.24 所示。

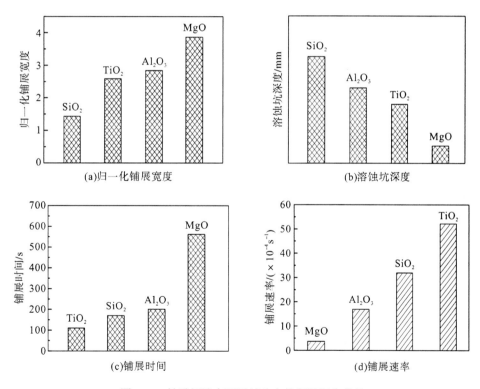

图 6.24　铁酸钙渣在不同基片上的润湿行为差异

从图中可以看出，铁酸钙在不同氧化物基片上润湿后液滴的铺展宽度为 MgO>Al_2O_3>TiO_2>SiO_2；铁酸钙在不同氧化物基片上润湿后形成溶蚀坑深度为 SiO_2>Al_2O_3>TiO_2>MgO；铁酸钙在不同氧化物基片上润湿铺展时间为 MgO>Al_2O_3>SiO_2>TiO_2；

铁酸钙在不同氧化物基片上润湿铺展速率为 $TiO_2>SiO_2>Al_2O_3>MgO$。铁酸钙在不同氧化物基片上润湿后形成的溶蚀坑形状如图 6.25 所示。从图中可以看出，铁酸钙与 TiO_2 润湿时，发生强烈的界面化学反应，界面处形成大量的 $CaTiO_3$，导致形成溶蚀坑的深度比 MgO 深。铁酸钙在 SiO_2 上润湿后形成窄而深的溶蚀坑，在 MgO 上润湿后形成宽而浅的溶蚀坑，表明 SiO_2 能促进烧结同化过程。铁酸钙与 TiO_2 润湿时发生强烈的界面反应形成大量 $CaTiO_3$，铁酸钙含量显著减少，表明 TiO_2 不利于烧结同化过程，较高的 TiO_2 含量会恶化烧结矿性能。

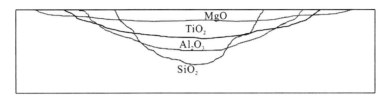

图 6.25　铁酸钙渣在不同基片上的溶蚀坑轮廓示意图

参 考 文 献

[1] Eustathopoulos N, Nicholas M G, Drevet B. Wettability at High Temperatures. Pergamon, 1999.

[2] Nakashima K, Saito N, Shinozaki S, et al. Wetting and penetration behavior of calcium ferrite melts to sintered hematite. ISIJ International, 2004, 44(12): 2052-2056.

[3] Yang M R, Lv X W, Wei R R, et al. Wetting behavior of calcium ferrite slags on cristobalite substrates. Metallurgical and Materials Transactions B, 2018, 49(3): 1331-1345.

[4] Yu B, Lv X W, Xiang S L, et al. Wetting behavior of Al_2O_3 substrate by calcium ferrite series melts. ISIJ International, 2015, 55(3): 483-490.

[5] Yu B, Lv X W, Xiang S L, et al. Wetting behavior of calcium ferite melts on sintered MgO. ISIJ International, 2015, 55(8): 1558-1564.

[6] Yang M R, Lv X W, We R R, et al. Weting behavior of TiO_2 by calcium ferrite slag at 1523 K. Metallurgical and Materials Transactions B, 2018, 49(5): 2667-2680.

第7章 复合铁酸钙的还原行为

烧结矿的冶金性能决定着其在高炉冶炼过程中的行为,复合铁酸钙作为主要的黏结相在烧结矿冶金性能中也扮演着重要的角色。本章总结了多元复合铁酸钙在还原过程中的热力学与动力学表现,阐述了各组元对其还原行为的影响规律。

7.1 铁酸钙的还原热力学

以铁酸钙作为主要黏结相的熔剂型烧结矿参与高炉反应器的还原过程。研究多元铁酸钙还原行为是从二元体系开始的。Burdese[1]研究 1173～1343K 下 C_2F 在 CO/CO_2 气氛中的还原路径发现,其还原过程通过单步反应直接产生 Fe。Edström[2]更加详细地研究了 CO/CO_2 对 C_2F 产物的影响,结果表明随着 CO 浓度的提高,C_2F 的单步反应过程趋势越来越明显,如在 17.5%CO、82.5%CO_2 气氛中,还原过程中会有 Fe_3O_4 和 FeO 产生;而在 78.4%CO、21.6%CO_2 气氛中,还原过程中几乎不再产生 Fe_3O_4 和 FeO。Rueckl[3]和 Leontev 等[4]也证明了 C_2F 为单步还原的事实。Taguchi 等[5]在研究中发现了 C_2F 还原过程的中间产物 $CaO·FeO$(CW),因此出现了两步还原的过程,Edström 在此前的研究中证实了这一点,即 CW 在高温时的稳定性比 C_2F 更好。

Burdese[1]证明了 CF 在 873～1323K 下还原过程中出现 CWF 和 CW_3F 相。Edström[2]随后研究了 1273K 下不同 CO/CO_2 气氛对 CF 还原路径的影响,并详细划分出了 7 个阶段,其中 CWF 和 CW_3F 相随着 CO 浓度提高会完整出现在 CF 的还原阶段。例如,当 CO 浓度小于 0.3%时,CF 会直接跳过中间态铁酸钙而直接还原到 C_2F,随后 C_2F 还原得到 Fe;当 CO 浓度大于 31%时,CWF 和 CW_3F 会相继出现在 CF 还原产物中。Chufarov 等[6]在 H_2 气氛下的相关研究中得出了与 Edström 类似的结论。Burdese[1]研究了 CF_2 的还原路径,认为 CF_2 是先分解为 CF 和 Fe_2O_3,随后 CF 和 Fe_2O_3 分别按照其相应还原路径进行多步还原。Edström[2]研究了 1273K 下不同 CO/CO_2 气氛对 CF_2 还原路径的影响,Brunner[7]在随后的实验中证实了 Edström 的结论,但存在一定的相邻物相转变的细微差别,这是由还原物质过多而在某一反应阶段难以分辨造成的。对于 CF_2 的还原路径,学者持不同看法,如 Taguchi 等[5]认为 CF_2 是先分解为 CF 和 Fe_3O_4 再进行下一步还原。

Cai 等[8]对比研究了柱状 SFCA 和针状 SFCA 的还原路径和还原性。通过高温 XRD 对比了两者还原过程中的物相变化及对应温度,结果如表 7.1 所示。SFCA 在 CO 还原过程中会依次产生 Fe_2O_3、Fe_3O_4、C_2S、CW 和 Fe。此外,柱状 SFCA 和针状 SFCA 会在 1128K 和 1088K 下完全消失,间接说明了针状 SFCA 还原性比柱状更加优越,而 Fe 出现在两者还原产物中的温度都是 1273K。其次,在 CO 还原气氛中加入适量 H_2,会加速柱状 SFCA 和针状 SFCA 还原。

表 7.1　柱状 SFCA 和针状 SFCA 在 CO 和 CO—H$_2$ 下还原路径及温度　　　（单位：K）

物相转变	柱状 SFCA(CO)	柱状 SFCA(CO—H$_2$)	针状 SFCA(CO)	针状 SFCA(CO+H$_2$)
Fe$_2$O$_3$ 消失	768	730	768	768
Fe$_3$O$_4$ 出现	744	708	768	768
Fe$_3$O$_4$ 消失	1080	1026	1032	1032
SFCA 消失	1128	1089	1088	1088
C$_2$S 出现	1062	1023	1023	1023
CW 出现	1062	1023	1023	1021
CW 消失	1319	1273	1273	1273
Fe 出现	1273	1273	1273	1273

7.2　铁酸钙的还原动力学

粉体铁酸钙还原动力学如图 7.1 所示，在二元铁酸钙中，还原度及还原速率从 C$_2$F、CF、CF$_2$ 到 Fe$_2$O$_3$ 逐渐提高。C$_2$F 发生单步还原反应直接还原出 Fe；CF 还原路径为 CF→CWF→CW$_3$F→C$_2$F→Fe+CaO；CF$_2$ 会先分解为 CF 和 Fe$_2$O$_3$ 以参与还原过程。铁酸钙体系与 Fe$_2$O$_3$ 等温还原表观活化能和还原度对比见图 7.2、图 7.3。C$_2$F、CF、CF$_2$ 和 Fe$_2$O$_3$ 等温还原表观活化能分别为 51.74kJ/mol、46.89kJ/mol、34.37kJ/mol 和 8.44kJ/mol。图 7.4 为基于 Sharp 法下常见气固反应曲线及 C$_2$F、CF、CF$_2$ 和 Fe$_2$O$_3$ 分别在 1123K、1173K 和 1223K 的实验数据点。从模式函数求解结果看 C$_2$F、CF、CF$_2$ 和 Fe$_2$O$_3$ 还原动力学机理函数在还原度 $\alpha<0.5$ 时是随机形核和随后生长机理模式函数 A_2，在 $\alpha>0.5$ 时逐渐从 A_2 函数过渡到 A_3 函数，且这种过渡趋势按 C$_2$F、CF、CF$_2$ 和 Fe$_2$O$_3$ 顺序逐渐增强。

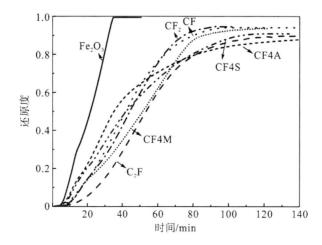

图 7.1　C$_2$F、CF、CF$_2$、Fe$_2$O$_3$、CF4S、CF4A 和 CF4M 在 1173K 下的等温还原度

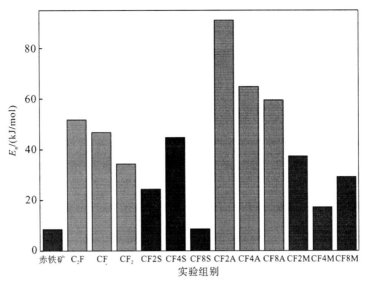

图 7.2　铁酸钙体系与 Fe_2O_3（赤铁矿）的等温还原表观活化能

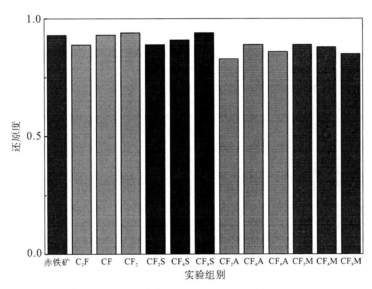

图 7.3　铁酸钙体系与 Fe_2O_3（赤铁矿）还原度对比

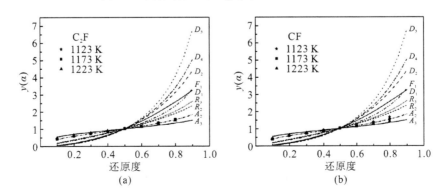

(a)　　　　　　　　　　　　　　　(b)

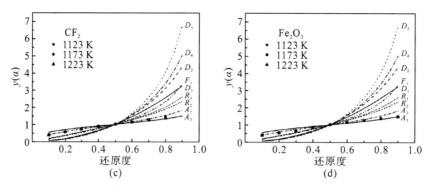

图 7.4　基于 Sharp 法下常见气固反应曲线及 C_2F、CF、CF_2 和 Fe_2O_3 在 1123K、

1173K 和 1223K 下的实验数据点

在 CaO-Fe_2O_3-SiO_2 体系中，随着 SiO_2 含量的提高，还原度呈现先减小后增大的趋势。具体地从 CF2S 到 CF4S 再到 CF8S，还原度先减小后增大，原因是从 CF2S 到 CF4S 中抑制还原的 C_2S 及 SFC 增多，而 CF8S 中由于出现了更多的 Fe_2O_3，又开始对还原起促进作用。CF2S、CF4S 和 CF8S 还原表观活化能分别为 24.48kJ/mol、44.84kJ/mol 和 8.71kJ/mol，即三者还原出现先变难后变易的趋势。图 7.5 为基于 Sharp 法下常见气固反应标准曲线及 CF2S、CF4S 和 CF8S 在 1123K、1173K 和 1223K 下的实验数据点。从模式函数求解结果看：CF2S、CF4S 和 CF8S 还原模式函数在反应前期($\alpha<0.5$)可被 A_2 函数描述；CF2S 和 CF4S 在 1223K 下反应后期($\alpha>0.5$)开始被 A_2 函数描述，在 1123K 和 1173K 下被 R_2 函数和 R_3 函数描述，CF8S 还原模式函数从 A_2 函数向 A_3 函数过渡。

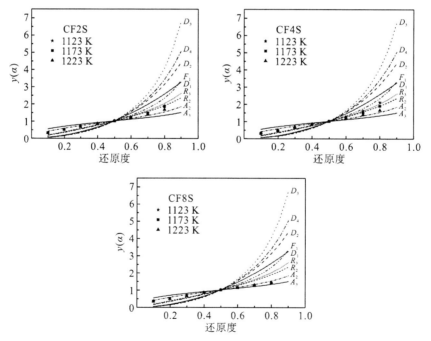

图 7.5　基于 Sharp 法下常见气固反应曲线及 CF2S、CF4S 和 CF8S 在 1123K、

1173K 和 1223K 下实验数据点

在 CaO-Fe$_2$O$_3$-Al$_2$O$_3$ 体系中，还原度随 Al$_2$O$_3$ 含量提高逐渐增大，但趋势不明显，还原时间明显较少。这是由于随着 Al$_2$O$_3$ 在体系中含量增加会优先与 CaO 结合，从而释放更多易于还原的 Fe$_2$O$_3$。CF2A、CF4A 和 CF8A 还原表观活化能分别为 91.05kJ/mol、64.83kJ/mol 和 59.47kJ/mol，即三者还原呈逐渐增强的趋势。图 7.6 为基于 Sharp 法下常见气固反应标准曲线及 CF2A、CF4A 和 CF8A 在 1123K、1173K 和 1223K 下的实验数据点。从模式函数求解结果看，在 $\alpha<0.5$ 时，CF2A、CF4A 和 CF8A 还原曲线数据点 $[\alpha, y(\alpha)]$ 都落于 A_2 函数所对应的标准曲线上；在 $\alpha>0.5$ 时，开始出现不同趋势的分化，其中 CF2A、CF4A 和 CF8A 还原数据点 $[\alpha, y(\alpha)]$ 在 1123K 和 1173K 下甚至会偏移至 F_1、R_2 和 R_3 函数标准曲线上，即界面化学反应模型，但在 1223K 下，CF2A、CF4A 和 CF8A 还原过程开始向 A_2 函数偏移，与 CaO-Fe$_2$O$_3$-SiO$_2$ 体系类似：还原温度越高，越容易促进还原机理从界面化学反应向形核与长大模式转变，且随着 Al$_2$O$_3$ 在 CaO-Fe$_2$O$_3$-Al$_2$O$_3$ 体系中含量增加，从 A_2 函数偏移至 A_3 函数的趋势越明显。

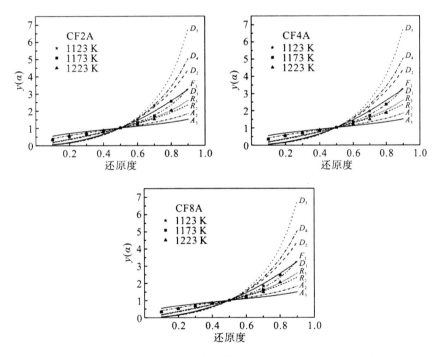

图 7.6　基于 Sharp 法下常见气固反应曲线及 CF2A、CF4A 和 CF8A 在 1123K、
1173K 和 1223K 下实验数据点

在 CaO-Fe$_2$O$_3$-MgO 体系中，还原度随 MgO 增加呈减小趋势，这主要是由于初始物相中镁铁尖晶石相逐渐增多。CF2M、CF4M 和 CF8M 还原表观活化能分别为 37.3kJ/mol、17.3kJ/mol 和 29.2kJ/mol。图 7.7 为基于 Sharp 法下常见气固反应标准曲线及 CF2M、CF4M 和 CF8M 在 1123K、1173K 和 1223K 下的实验数据点。从模式函数求解结果看，CF2M、CF4M 和 CF8M 还原机理函数在 $\alpha<0.5$ 时是 A_2 函数，在 $\alpha>0.5$ 时 CF2M、CF4M 逐渐从 A_2 函数过渡到 A_3 函数，CF8M 仍然是 A_2 函数。

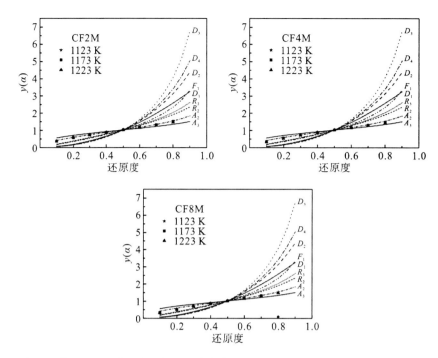

图 7.7   基于 Sharp 法下常见气固反应曲线及 CF2M、CF4M 和 CF8M 在 1123K、

1173K 和 1223K 下实验数据点

通过图 7.1 中 C_2F、CF、CF_2、Fe_2O_3、CF4S、CF4A 和 CF4M 在 1173K 下还原能力的对比可知，该条件下还原度从大到小依次是 Fe_2O_3、CF_2、CF、CF4M、CF4S、C_2F、CF4A。Fe_2O_3 还原能力比二元及三元铁酸钙有显著优势，还原度几乎达到 1。CF4A 在还原前期速率较快，但中后期速率下降明显；CF4M 刚好相反，在还原前期速率较慢，在中后期反应加快。CF4S 在还原全程速率变化相对 CF4A 和 CF4M 较为平缓。

7.3   粉体还原动力学模型

通过对二元及三元铁酸钙还原动力学模式函数的总结发现，铁酸钙粉体还原几乎都由成核和生长模式的 A_2 函数和 A_3 函数表达。在还原前期铁酸钙还原都是 A_2 函数描述，在还原后期情况较为复杂，但总体规律为样品还原速率加快时，逐渐向 A_3 函数偏移。以二元铁酸钙 C_2F、CF 和 CF_2 为例，笔者提出了铁酸钙粉体还原的动力学模型以解释模式函数 A_2 和 A_3 在还原过程中的演变规律。

铁酸钙的物相组成与其被还原能力紧密相关。从物相对铁酸钙还原度的影响来看，Fe_2O_3 含量对还原度影响程度最大，这在 $CaO-Fe_2O_3-SiO_2$ 体系中的 CF8S 和 $CaO-Fe_2O_3-Al_2O_3$ 体系中的 CF8A 中可明显看出。总结铁酸钙还原动力学模型，以 C_2F、CF、CF_2 和 Fe_2O_3 为例，这四种产物在反应初期被 A_2 函数描述，在反应后期逐渐从 A_2 函数过渡至 A_3 函数。A_2 函数和 A_3 函数为随机形核随后生长的机理函数。A_2 函数和 A_3 函数代表反应体系维数从小至大的形核生长模型，在本研究中可以从还原反应在柱状反应器中沿气体扩散方向的纵深来理解。鉴于此，本章提出一种粉体铁酸钙还原动力学模型，称为粉体还原随机形核和随后生长耦合动力学模型。将粉体铁酸钙样品从还原气体扩散方向由上至下分为产物层和未反应层，假设其产物层和未反应层厚度分别为 L 和 D，如图 7.8 所示。在还原阶段初期，由于反应诱导期的存在，各铁酸钙还原在未反应层上部薄层区域内进行，犹如反应区域在一扁平的柱状"平面"内发生，此时 $L \ll D$，故 C_2F、CF、CF_2 和 Fe_2O_3 还原的初期，模式函数都为 A_2 函数；在还原反应后期，由于 C_2F 和 CF 的还原速率较 CF_2 和 Fe_2O_3 慢，还原反应进行的区域始终在平面薄层内，即化学反应前沿始终落后于气体扩散前沿。对反应速率较快的 CF_2 和 Fe_2O_3，还原反应加快后，其化学反应前沿一直紧跟气体扩散前沿，此时 $L > D$，这样便形成了在未反应层气体扩散前沿的前期阶段还原和气体扩散前沿后面未来得及还原的后期阶段还原的纵深较大的长柱状的反应体系，且在还原后期，反应速率越快，这种趋势越明显。扩展到三元铁酸钙体系，仍然适用，对于还原速率较慢的梯队（CF2S、CF4S、CF2A、CF4A、CF2M、CF4M 和 CF8M），在还原反应后期仍然是偏向 A_2 函数描述；还原速率中间梯队（CF8S 和 CF8A）在还原反应后期为 A_2 函数向 A_3 函数过渡。

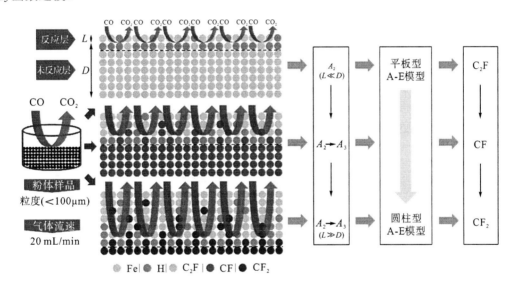

图 7.8　铁酸钙粉体还原模型

高炉上部块状带还原是气固反应，气固反应本义上指反应体系中存在气固两相的反应类型。有固体生成物类气固反应指在化学反应过程中，生成物中有新的固相产生以代替反应物中旧的固相，新的固相生成物在动力学上称为灰层，因此该类型气固反应别称为有灰反应，如金属氧化物气基还原、活泼金属氧化等。气固反应根据反应物物理形态特征又分为密实固体和多孔固体反应，与之对应，前人已经提出了两种动力学模型，即未反应核模型和多孔模型。下面着重回顾最为经典且广泛应用的气固反应未反应核模型。

从气固反应研究历程来看，从大而密实的颗粒到小而细微的粉末，即从宏观逐渐深入微观的探索路线，正是反应动力学模型研究从未反应核模型到多孔及微粒模型的逐渐深入。着眼于冶金反应工程学，以铁矿石还原为例，从传统的厘米级的球团颗粒如高炉炉料中烧结矿和块矿还原到毫米级的细粉状颗粒，如流化床中铁矿石粉末还原，再到近十几年提出的纳米冶金（如氧化物冶金），针对不同尺度颗粒的还原动力学模型研究也是工作主线之一，本研究中微米级颗粒还原正是处于从传统冶金向纳米冶金的过渡阶段（图7.9）。

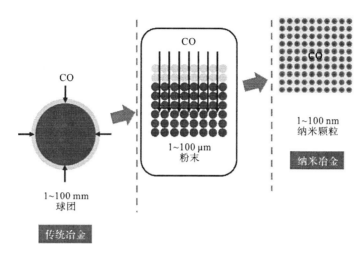

图 7.9　细粉颗粒还原：传统冶金向纳米冶金的过渡

7.3.1　未反应核模型

　　密实固体气基反应动力学模型为未反应核模型，又称收缩核模型或壳模型。Wen[9]于 1968 年运用数学解析方法系统总结并归纳了未反应核模型，随后该模型被日本学者 Ishida 和 Shirai[10]应用到冶金反应动力学并逐渐成为现行教科书中的经典。未反应核模型广泛应用于铁矿石还原、金属氧化和碳酸盐分解等过程。由于气体无法扩散至密实固体内部，反应过程只发生在密实固体未反应核与气体接触的薄层上，密实固体从反应时间和空间上分为外部的产物层（灰层）和内部的未反应核，随着反应逐步向内推进，未反应核越来越小，产物层越来越厚，图 7.10 为未反应核模型示意图。

图 7.10　未反应核模型示意图

　　未反应核模型中，涉及的研究环节为气固两相之间的物理化学过程，包括还原气体和气体产物的扩散及气固两相的界面反应。以铁氧化物矿球还原为例，未反应核模型主要包含以下三个环节。

　　(1)外扩散，指还原气体从气相扩散到气体边界层或气体产物从气体边界层扩散到气相本体中，简而言之，气体在气相边界层中的扩散。

　　(2)内扩散，指还原气体或气体产物在产物铁层中的扩散。广义的内扩散还包括离子

（如 Fe、O）在晶格节点上的迁移。

（3）界面化学反应，主要包括以下过程：还原气体的吸附、还原气体分子和氧结合形成气体产物、固相产物新晶格的形成及气体产物的脱附。

在矿球的气固还原中，气体产物通过气相边界层的外扩散速率为

$$v_1 = 4\pi r_0^2 \beta (c_0 - c_1) \tag{7.1}$$

还原气体在产物铁层中的内扩散速率为

$$v_2 = 4\pi D_e \frac{r_0 r}{r_0 - r} (c_1 - c) \tag{7.2}$$

界面化学反应速率为

$$v_3 = 4\pi r^2 k \left(1 + \frac{1}{K}\right)(c - c_e) \tag{7.3}$$

其中，v_1、v_2 和 v_3 分别为外扩散、内扩散和界面化学反应速率，mol/s；还原气体的初始浓度、反应界面浓度和反应平衡浓度分别为 c_0、c 和 c_e，mol/m³；r_0 为矿球初始半径，m；D_e 为扩散系数，m²/s；β 为传质系数，m/s；k 为反应速率常数，若为一级反应，单位 m/s；K 为反应平衡常数。当三个环节以稳态进行时，该过程的总体反应速率 v 与三个环节的分速率是相等的，即 $v=v_1=v_2=v_3$。整理式（7.1）～式（7.3），可得

$$v = \frac{4\pi r_0^2 (c_0 - c_e)}{\dfrac{1}{\beta} + \dfrac{r_0(r_0 - r)}{D_e r} + \dfrac{K}{k(1+K)} \dfrac{r_0^2}{r^2}} \tag{7.4}$$

又

$$v = -\frac{d}{dt}\left(\frac{4}{3}\pi r^3 \rho_O\right) = -4\pi r^2 \rho_O \frac{dr}{dt} \tag{7.5}$$

式中，ρ_O 为矿球摩尔密度，mol/m³。反应过程中未反应核半径 r 与转化率 R 存在以下关系：

$$r = r_0 (1 - R)^{1/3} \tag{7.6}$$

因此，

$$v = \frac{4}{3}\pi r_0^3 \rho_O \frac{dR}{dt} \tag{7.7}$$

这样，

$$\frac{4}{3}\pi r_0^3 \rho_O \frac{dR}{dt} = \frac{4\pi r_0^2 (c_0 - c_e)}{\dfrac{1}{\beta} + \dfrac{r_0(r_0 - r)}{D_e r} + \dfrac{K}{k(1+K)} \dfrac{r_0^2}{r^2}} \tag{7.8}$$

在 $t \in (0,t)$，$R \in (0,R)$ 时进行定积分：

$$t = \frac{\rho_O r_0}{c_0 - c_e}\left\{\frac{R}{3\beta} + \frac{r_0}{6D_e}\left[1 - 3(1-R)^{2/3} + 2(1-R)\right] + \frac{K}{k(1+K)}\left[1 - (1-R)^{1/3}\right]\right\} \tag{7.9}$$

式（7.9）中等号右边大括号里第一项为气体外扩散阻力，第二项为内扩散阻力，第三项为界面反应阻力，即总体反应速率的阻力来自三个环节阻力之和。研究动力学的目的之一是探求该过程的控制环节，即其中速率最慢的环节。三个环节作为控速环节的条件和结果如下。

（1）外扩散控制： $\beta \ll k(D_e)$

$$t = \frac{\rho_O r_0}{c_0 - c_e} \frac{R}{3\beta} \qquad (7.10)$$

（2）内扩散控制： $D_e \ll k(\beta)$

$$t = \frac{\rho_O r_0^{\,2}}{6 D_e (c_0 - c_e)} \left[1 - 3(1-R)^{2/3} + 2(1-R) \right] \qquad (7.11)$$

（3）界面化学反应控制： $k \ll \beta(D_e)$

$$t = \frac{\rho_O r_0}{c_0 - c_e} \frac{K}{k(1+K)} \left[1 - (1-R)^{1/3} \right] \qquad (7.12)$$

（4）内扩散和界面反应混合控制： $k(D_e) \ll \beta$

$$t = \frac{\rho_O r_0}{c_0 - c_e} \left\{ \frac{r_0}{6 D_e} \left[1 - 3(1-R)^{2/3} + 2(1-R) \right] + \frac{K}{k(1+K)} \left[1 - (1-R)^{1/3} \right] \right\} \qquad (7.13)$$

判定某一未反应核模型描述的化学反应过程的控制环节，即分析线性拟合时间和反应转化率特定形式的数据点，如拟合一系列 $[t, R]$ 数据点，若线性关系良好，说明该过程受外扩散控制。

7.3.2 随机形核和随后生长耦合模型

在高锰酸盐、草酸盐、硫酸钙水合物等物质热分解过程中，反应速率并不像未反应核模型那样随着反应进行而减小，而呈现先增大后减小的趋势。研究发现，这些反应满足随机形核和随后生长模型，该模型先后由 Avrami 和 Erofeev[12] 从离子晶体中传导电子浓度和成核速度的关系中推导出，后面简称 A-E 模型，通式为

$$\left[-\ln(1-\alpha) \right]^{1/n} = kt \qquad (7.14)$$

除去 $n=1$ 的情况，方程(7.14)描述的 $\alpha\text{-}t$ 和 $d\alpha/dt$ 曲线如图 7.11 所示。该过程分为 A、B 和 C 三个阶段，其中 A 为反应诱导期，这个期间反应物开始进入反应阶段，新的晶核开始形成，反应速率缓慢增长；B 为反应加速期，产物晶核大量形成并长大，反应速率显著提高；C 为反应衰退期，产物晶核逐渐长大，反应速率开始逐步减小直至为零。

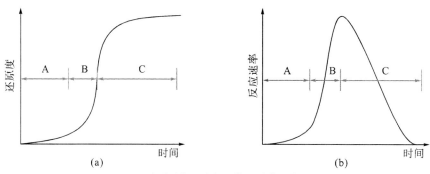

(A为诱导期，B为加速期，C为衰退期)

图 7.11 随机形核和随后生长模型中还原度和反应速率随时间变化示意图

7.3.3 模型特点

1. 样品反应空间内外均一性

A-E 模型描述的化学反应具有明显的时间和空间上的均一性。这种均一性并不体现在微观层面，更多的是宏观表现。在众多该模型描述的热分解过程中，样品颗粒处于均匀温度场中，使得样品空间内外在热量接收上几乎是相同的，反应条件在样品内外的无差别消除了化学反应在空间内外的差异。在本研究中，粉体铁酸钙还原的均一性条件并不体现在均匀的温度场中，而是处于均匀的还原气体中，微米级粉体颗粒使得气体可以自由在样品宏观空间内外扩散，逐渐消除了还原的空间差异。均匀还原气体分布下的粉体还原和均匀温度场下的物质热分解过程类比如图 7.12 所示。在理解 A-E 模型这一特点时，通常也是将它与未反应核模型进行类比。一个有趣的实验现象是厘米级碳酸钙颗粒热分解过程进行到一定阶段后，沿着中间截面剖开发现颗粒外层可以与指示剂百里酚酞显示为蓝色（百里酚酞遇碱变蓝，遇酸变红，可以推断碳酸钙颗粒变蓝部分为分解反应发生区域），而内层仍然为碳酸钙本色，即厘米级碳酸钙分解是逐渐从颗粒外向内推进，具有明显的反应外壳和未反应内核的分界，这是未反应核模型在宏观上的典型特征。当样品颗粒尺寸为微米级时，这种反应空间的差异性就微乎其微了。为了验证这一特点，在 Fe_2O_3 的粉体还原中，设计了以下实验：在 $\Phi12mm\times10mm$ 钢玉坩埚中放置前面研究中采用的粉体 Fe_2O_3 样品，在 1223K 下进行等温还原，在还原进行到 13min（总还原时间为 34.6min）时停止实验，随后快速降温且吹扫大流量保护气，待坩埚取出后，分别沿坩埚纵向取三个反应层（反应层1、反应层 2 和反应层 3）的还原产物，对反应层 1、反应层 2 和反应层 3 样品进行 XRD 物相分析，取样示意图及样品 XRD 图谱如图 7.13 所示。由图分析可知反应层 1、反应

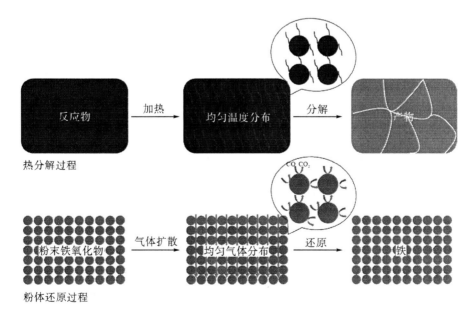

图 7.12　随机形核和随后生长模型描述的粉体还原和热分解过程类比

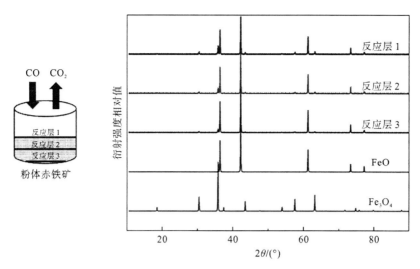

图 7.13　粉体赤铁矿还原 3 个反应层产物 XRD 图谱(1223K，13min)

层 2 和反应层 3 样品中主要为 W，另有少量 M，且几乎不含 Fe_2O_3。此外，反应层 1、反应层 2 和反应层 3 样品中物相组成几乎相同，即样品还原在气体扩散纵向上不存在差异性，这一现象佐证了还原气氛条件在样品空间内外的一致性。

2. 样品反应过程阶段性

A-E 模型描述的化学反应过程具有明显的阶段性特征。对于单步反应过程，这种阶段性是不存在的，因为从反应物到生成物并未有中间产物出现，最终的反应速率曲线如图 7.11 所示。对于多步反应，在反应速率曲线上表现出明显的多峰特征，即阶段性。图 7.14 为未反应核模型和 A-E 模型描述 C_2F、CF 和 Fe_2O_3 化学反应速率的比较。未反应核模型下的样品还原速率随着反应进行逐渐减小，而本研究中 A-E 模型描述的铁酸钙及 Fe_2O_3 还原在速率上是多峰耦合。换言之，粉体样品还原遵循还原路径的先后关系，"谁先出现，谁先还原完"。诚然，前一步还原完再进行下一步是理想状态，实际反应条件并不能完全满足这一动力学现象，而会出现相邻反应阶段的耦合现象。值得注意的是，样品的还原速率越快，这种阶段性越明显，如 Fe_2O_3 的还原。在还原速率较慢的 CF 中，这种阶段性较 Fe_2O_3 就显得并不突出。

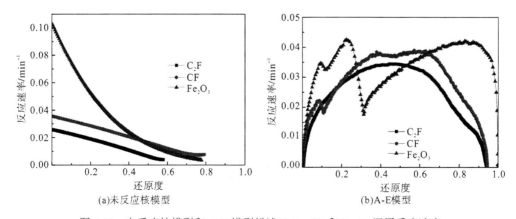

图 7.14　未反应核模型和 A-E 模型描述 C_2F、CF 和 Fe_2O_3 还原反应速率

7.3.4 模型应用

为了验证该模型对铁酸钙粉体气基还原的适用性，在其他实验条件相同的情况下，将还原气体换成 H_2，研究对象采用 C_2F 和 CF。通过 ln-ln 法和 Sharp 法对 H_2 还原 C_2F 和 CF 的模式函数进行计算。

1. 模式函数

ln-ln 法计算求得 C_2F 和 CF 在 H_2 条件下还原的 Avrami 常数 n 如表 7.2 所示。C_2F 还原度 α 为 0.1～0.5 时，n 为 1.98（1123K）、2.01（1173K）和 2.03（1223K）；α 为 0.5～0.85 时，n 为 2.03（1123K）、2.05（1173K）和 2.07（1223K），即在还原全过程中，n 在 2.0 左右，描述 C_2F 在 H_2 还原下的模式函数为 A_2 函数。CF 还原度 α 为 0.1～0.5 时，n 为 2.01（1123K）、2.02（1173K）和 2.05（1223K）；α 为 0.5～0.9 时，n 为 2.21（1123K）、2.25（1173K）和 2.32（1223K），即在还原前期，n 在 2.0 左右，此时描述 CF 在 H_2 还原下的模式函数为 A_2 函数；在还原后期，n 逐渐从 2.0 向 3.0 偏移，此时描述 CF 在 H_2 还原下的模式函数为 A_2 函数逐步向 A_3 函数过渡。

表 7.2 C_2F 和 CF 在 1123K、1173K 和 1223K 下 H_2 还原的 Avrami 常数 n

项目		C_2F				CF			
		α	n	α	n	α	n	α	n
温度/K	1123		1.98		2.03		2.01		2.21
	1173	0.1～0.5	2.01	0.5～0.85	2.05	0.1～0.5	2.02	0.5～0.9	2.25
	1223		2.03		2.07		2.05		2.32
模式函数		A_2 函数				A_2 函数→A_3 函数			

Sharp 法同样求得 C_2F 在整个还原过程都为 A_2 函数描述，而 CF 还原的模式函数从反应前期的 A_2 函数逐渐向后期的 A_3 函数过渡，如图 7.15 所示。综上所述，二元铁酸钙 C_2F 和 CF 在 H_2 还原下，模式函数仍是 A-E 模型。

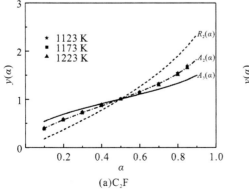
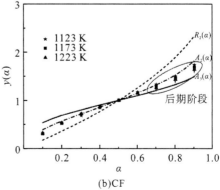

图 7.15 基于 Sharp 法的 C_2F 和 CF 在 1123K、1173K 和 1223K 条件下 H_2 还原的实验数据点 $[\alpha, y(\alpha)]$

2. 模型验证

图 7.16 为 C_2F 和 CF 在 1173K 条件下 H_2 还原度的实验值和 A-E 模型函数描述的理论值对比，结果表明，计算值对实验值预测得比较理想。

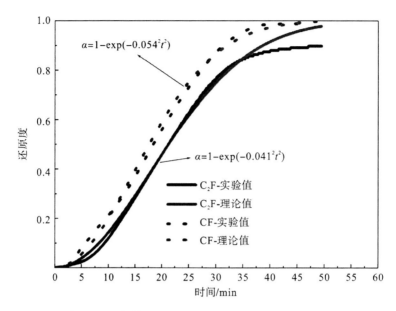

图 7.16 C_2F 和 CF 在 1173 K 条件下 H_2 还原度的实验值和 A-E 模型函数描述的理论值对比

3. CO 和 H_2 还原对比

相比 CO，等温条件下 H_2 还原 C_2F 和 CF 的过程，样品还原难度降低，还原度有所提高，还原速率显著提高，但并不改变还原过程的模式函数，如表 7.3 所示。对 C_2F 而言，H_2 可以大大降低其还原难度，活化能从 CO 条件下的 51.74kJ/mol 降低到 27.40kJ/mol，但是对其还原度的提高不明显，基本和 CO 维持不变，在 0.9 左右，但是由于还原时间大大缩短，H_2 条件下的还原速率提高显著。对 CF 而言，H_2 亦可降低其还原难度，活化能从 CO 条件下的 46.89kJ/mol 降低到 40.73kJ/mol；H_2 条件下的还原度提高明显，从 CO 条件下的平均 0.93 提高到 0.98；相应地，平均反应速率从 0.0187min^{-1} 提高到 0.0240min^{-1}。此外，H_2 和 CO 条件下的反应机理保持不变，C_2F 还原全过程由 A_2 函数所描述，而 CF 的机理函数在还原前期由 A_2 函数所描述，后期从 A_2 函数向 A_3 函数转变。

表 7.3 C_2F 和 CF 被 H_2 和 CO 还原的动力学参数比较

动力学参数	试样	H_2	CO
α_m	C_2F	0.88(1123K)，0.89(1173K)，0.89(1223K)	0.88(1123K)，0.89(1173K)，0.90(1223K)
	CF	0.97(1123K)，0.98(1173K)，0.99(1223K)	0.91(1123K)，0.93(1173K)，0.94(1223K)
E/(kJ/mol)	C_2F	27.40	51.74
	CF	40.73	46.89

续表

动力学参数	试样	H₂	CO
$a_m/t_m/\mathrm{min}^{-1}$	C₂F	0.0167(1123K)，0.0188(1173K)，0.0210(1223K)	0.0150(1123K)，0.0156(1173K)，0.0158(1223K)
	CF	0.0213(1123K)，0.0238(1173K)，0.0270(1223K)	0.0156(1123K)，0.0183(1173K)，0.0221(1223K)
k/min^{-1}	C₂F	0.035(1123K)，0.041(1173K)，0.045(1223K)	0.032(1123K)，0.034(1173K)，0.038(1223K)
	CF	0.049(1123K)，0.054(1173K)，0.059(1223K)	0.034(1123K)，0.039(1173K)，0.044(1223K)
$f(\alpha)$	C₂F	A_2 函数	A_2 函数
	CF	A_2 函数→A_3 函数(后期)	A_2 函数→A_3 函数(后期)

图 7.17 绘制了 C₂F 和 CF 在 1mol H₂ 和 CO 还原剂下的热效应，结果表明：相比于 CO，H₂ 还原具有明显的吸热现象，这也解释了在升温过程中，H₂ 对还原速率的提高相比于 CO 更加明显。使用 H₂ 作为还原剂，如在高炉中喷吹天然气，往往需要伴随着高风温和富氧鼓风操作。

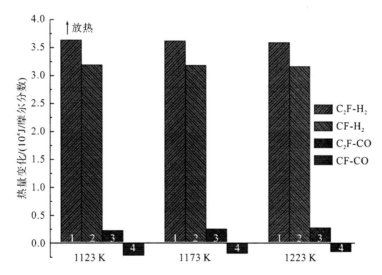

图 7.17　C₂F 和 CF 被 H₂ 和 CO 还原的体系热量变化（1mol 还原剂）

1. 1/3(2CaO·Fe₂O₃)+H₂══2/3CaO+2/3Fe+H₂O；　2. 1/3CaO·Fe₂O₃+H₂══1/3CaO+2/3Fe+H₂O；
3. 1/3(2CaO·Fe₂O₃)+CO══2/3CaO+2/3Fe+CO₂；　4. 1/3CaO·Fe₂O₃+CO══1/3CaO+2/3Fe+CO₂

7.3.5　模型对比

本小节将进一步对比 A-E 模型和未反应核模型的数学表达差异。通常情况下，在研究气固反应动力学时，是排除了气体外扩散影响的，由此 Szekely[13] 总结了未反应核模型的速率公式：

$$\frac{\mathrm{d}\alpha}{\mathrm{d}t}=\frac{k'}{m_1(\alpha)+m_2(\alpha)} \tag{7.15}$$

其中，

$$k' = \frac{3(c_0 - c_e)}{\rho_O r_0} \tag{7.16}$$

$$m_1(\alpha) = \frac{r_0}{D_e}\left[(1-\alpha)^{-1/3} - 1\right] \tag{7.17}$$

$$m_2(\alpha) = \frac{K}{k(1+K)}\frac{1}{(1-\alpha)^{2/3}} \tag{7.18}$$

式中，m_1 和 m_2 为气体内扩散和化学反应阻力。在本研究中，二元体系铁酸钙 C_2F、CF 和 CF_2 及铁氧化物 Fe_2O_3 的反应速率可由以下通式表达：

$$\frac{d\alpha}{dt} = g_1 f_1(\alpha) + g_2 f_1(\alpha) \tag{7.19}$$

其中，g_1 和 g_2 为调节系数；f_1 和 f_2 分别为 A_2 函数和 A_3 函数的速率表达式，即

$$f_1(\alpha) = 2k_1\left[-\ln(1-\alpha)\right]^{1/2}(1-\alpha) \tag{7.20}$$

$$f_2(\alpha) = 3k_2\left[-\ln(1-\alpha)\right]^{2/3}(1-\alpha) \tag{7.21}$$

这样可分别得到 C_2F、CF、CF_2 和 Fe_2O_3 的还原速率方程。

(1) 对于 C_2F，当 $\alpha<0.5$ 或 $\alpha>0.5$ 时，由 $g_1=1 \gg g_2$ 可得

$$\frac{d\alpha}{dt} = f_1(\alpha) \tag{7.22}$$

(2) 对于 CF，当 $\alpha<0.5$ 时，$g_1 \gg g_2$；当 $\alpha>0.5$ 时，$g_1>g_2$：

$$\frac{d\alpha}{dt} = \begin{cases} f_1(\alpha), & \alpha<0.5 \\ g_1 f_1(\alpha) + g_2 f_2(\alpha), & \alpha>0.5 \end{cases} \tag{7.23}$$

(3) 对于 CF_2，当 $\alpha<0.5$ 时，$g_1=1 \gg g_2$；当 $\alpha>0.5$ 时，$g_1 \ll g_2 = 1$：

$$\frac{d\alpha}{dt} = \begin{cases} f_1(\alpha), & \alpha<0.5 \\ f_2(\alpha), & \alpha>0.5 \end{cases} \tag{7.24}$$

(4) 对于 Fe_2O_3，当 $\alpha<0.5$ 时，$g_1=1 \gg g_2$；当 $\alpha>0.5$ 时，$g_1 \ll g_2 = 1$：

$$\frac{d\alpha}{dt} = \begin{cases} f_1(\alpha), & \alpha<0.5 \\ f_2(\alpha), & \alpha>0.5 \end{cases} \tag{7.25}$$

即未反应核模型描述的气固反应速率的阻力来自过程中各环节的阻力之和，而粉体还原模型的反应速率来自反应各阶段的贡献之和。后者由于排除了气体在产物层和边界层的扩散影响，过程的总体反应速率开始真正回归到化学反应本质上来。

将未反应核模型和 A-E 模型描述的铁氧化物还原的样品特征、反应速率方程及其示意图进行对比，列于表 7.3。未反应核模型中铁氧化物多步还原不存在阶段性特征，而基于 A-E 模型的粉体还原，反应速率越快，阶段性特征越明显，如对于表 7.4 中的四种物质，还原性较好的是 CF_2 和 Fe_2O_3，其还原速率曲线多峰特征明显。基于球团状颗粒的未反应核模型和粉体颗粒还原的 A-E 模型比较如图 7.18 所示。

表 7.4　基于未反应核模型和 A-E 模型的铁氧化物还原对比

还原模型	试样尺寸和形态	还原反应速率	动力学方程	机理
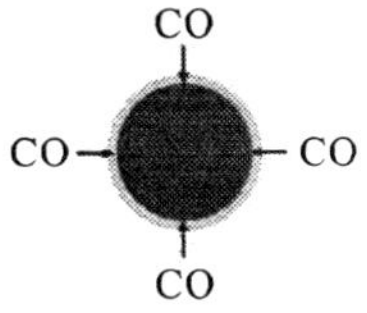 未反应核模型	球团	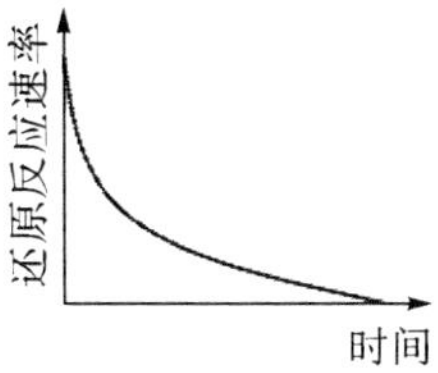	$\dfrac{\mathrm{d}\alpha}{\mathrm{d}t}=\dfrac{k'}{m_1(\alpha)+m_2(\alpha)}$	收缩未反应核
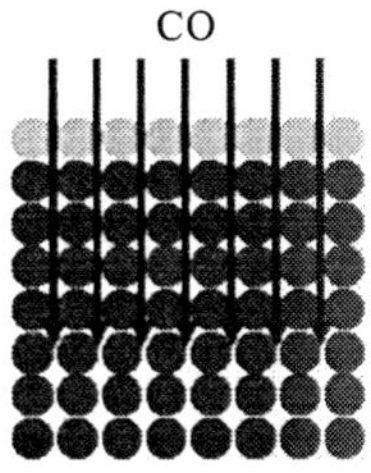 粉体还原模型	C_2F 粉体，<100μm	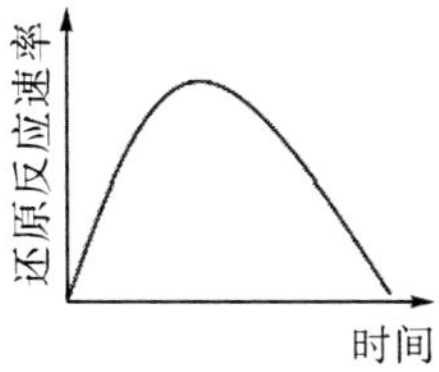	$\dfrac{\mathrm{d}\alpha}{\mathrm{d}t}=f_1(\alpha)$	A_2 函数还原
	CF 粉体，<100 μm	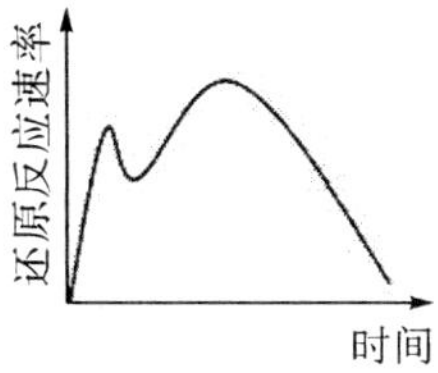	$\dfrac{\mathrm{d}\alpha}{\mathrm{d}t}=\begin{cases}f_1(\alpha),\alpha<0.5\\ g_1f_1(\alpha)+g_2f_2(\alpha)\\ \alpha>0.5\end{cases}$	A_2 函数(偏向)→A_3 函数还原
	CF_2 粉体，<100 μm	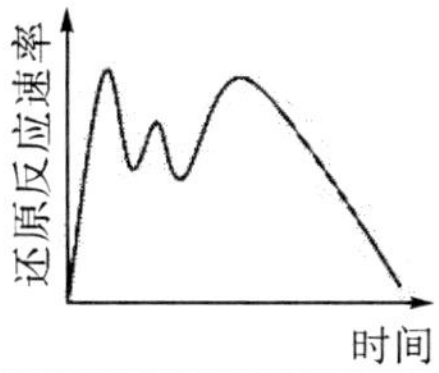	$\dfrac{\mathrm{d}\alpha}{\mathrm{d}t}=\begin{cases}f_1(\alpha),\alpha<0.5\\ f_2(\alpha),\alpha>0.5\end{cases}$	A_2 函数→A_3 函数(偏向)还原
	Fe_2O_3 粉体，<100 μm	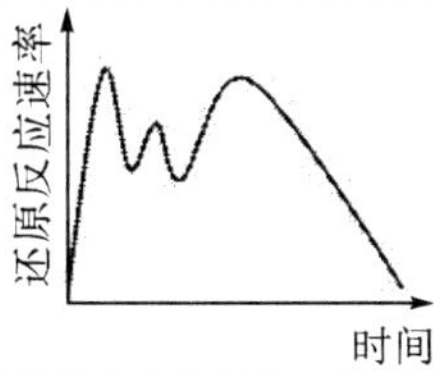	$\dfrac{\mathrm{d}\alpha}{\mathrm{d}t}=\begin{cases}f_1(\alpha),\alpha<0.5\\ f_2(\alpha),\alpha>0.5\end{cases}$	A_2 函数→A_3 函数还原

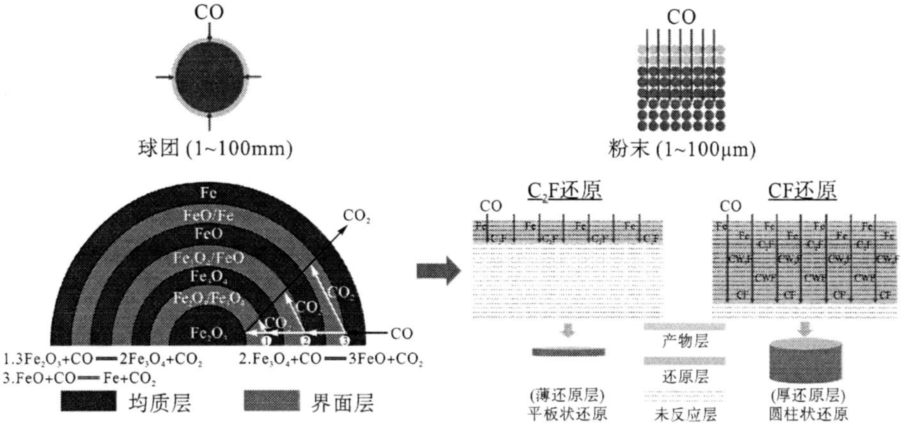

(a)基于未反应核模型的Fe_2O_3球团状样品还原　　(b)基于A-E模型的C_2F和CF的粉体样品还原

图 7.18　基于球团状颗粒的未反应核模型和粉体颗粒还原的 A-E 模型比较

未反应核模型和 A-E 模型在本质上是将化学反应过程的焦点从样品外部条件逐渐转移到化学反应本质。未反应核模型中气体的扩散作用显著，甚至可起决定性作用，这种作用伴随着反应速率的控制环节来到界面化学反应而减弱。A-E 模型正是克服了气体内外扩散甚至界面化学反应影响，将反应过程深入到反应核层面。从气固反应动力学方程的演变规律来看，从内扩散控制到形核生长控制，模式函数逐渐从 D 型(D_1、D_3、D_3)转变为 A 型(A_2、A_3)，如图 7.19 所示。

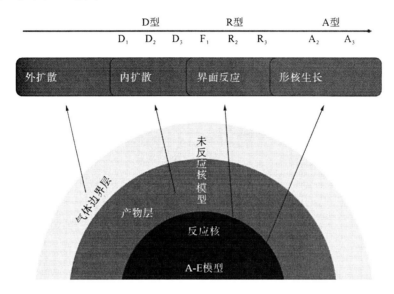

图 7.19　未反应核模型和 A-E 模型的本源性对比

7.4　铁酸钙的其他冶金性能

小岛鸿次郎等[14]比较了铁酸钙与自熔性烧结矿的冶金性能，包括还原后强度、低温还原粉化后强度，见表 7.5。C_2F、CF、CF_2 的还原后强度都达到 99%以上，和自熔性烧结矿还原后强度相当。C_2F、CF、CF_2 的低温还原粉化后强度逐渐减小，但三者都远大于自熔性烧结矿。C_2F、CF、CF_2 在保护气氛和空气气氛下的软熔特征温度见表 7.6。

表 7.5　铁酸钙和自熔性烧结矿还原后强度及低温还原粉化后强度比较（单位：质量分数，%）

物质	还原后强度		低温还原粉化后强度	
	>3mm	>1mm	>5mm	>3mm
C_2F	99.2	99.6	92.6	93.1
CF	99.1	99.5	90.4	90.9
CF_2	99.5	99.7	83.2	85.6
自熔性烧结矿 1	99.3	99.7	—	—
自熔性烧结矿 2	—	—	44.1	68.8

表 7.6　铁酸钙软熔性　　　　　　　　　　　　　　　　　（单位：K）

物质	保护气氛			空气气氛		
	收缩温度	软化温度	熔化温度	收缩温度	软化温度	熔化温度
C_2F	1473	1658	1663	1543	1663	1668
CF	1423	1423	1433	1453	1458	1463
CF_2	1418	1443	1453	1453	1463	1478

参 考 文 献

[1] Burdese A. Equilibrii di riduzione del sistema CaO-Fe_2O_3. La Metallurgia Italiana, 1952, 343-346.

[2] Edström J. Reaktions for lopp vid kulsintering och jarnmalmsreduction. Jernkontorets Ann, 1958, 142(7): 401-466.

[3] Rueckl R. Blast Furnace. Coke Oven and Raw Materials Committee, 1962, 21: 290-315.

[4] Leontev L, Chufarov G. Kinetics and mechanism of reduction of calcium ferrites. Russian Journal of Inorganic Chemistry, 1964, 9(1): 13-14.

[5] Taguchi N, Otomo T, Tasaka K. Reduction process of CaO-Fe_2O_3 binary calcium ferrite and resultant expansion. Tetsu-to-Hagané, 1983, 69(11): 1409-1416.

[6] Chufarov G, Leontev L, Sapozhnikova T. Phase transformations in the reduction on mono calcium ferrite. Russian J of Inorg Chem, 1965, 10(2): 294-295.

[7] Brunner M. Reduction tests with hot-pressed calcium ferrites. Jernkontorets Ann, 1968, 152(6): 287-295.

[8] Cai B, Watanabe T, Kamijo C, et al. Comparison between reducibilities of columnar silico-ferrite of calcium and aluminum (SFCA) covered with slag and acicular SFCA with fine pores. ISIJ International, 2018, 58(4): 642-651.

[9] Wen C Y. Noncatalytic heterogeneous solid fluid reaction models. Industrial And Engineering Chemistry, 1968, 60(9): 34-54.

[10] Ishida M, Shirai T. Reaction diagram for reversible solid-gas reactions based on unreacted core model. Journal of Chemical Engineering of Japan, 1970, 3(2): 196-200.

[11] 原行明. 2 多孔質酸化鉄ペレットの還元における反応モデル(製銑基礎, 製銑, 日本鉄鋼協会第79回(春季)講演大会講演). 鐵と鋼: 日本鐵鋼協會々誌, 1970, 56(4): S2.

[12] De Bruijn T J W, De Jong W A, Van Den Berg P J. Kinetic parameters in Avrami-Erofeev type reactions from isothermal and non-isothermal experiments. Thermochimica Acta, 1981, 45(3): 315-325.

[13] Szekely J. Gas-Solid Reactions. Amsterdam: Elsevier, 2012.

[14] 小島鴻次郎, 永野恭一, 稲角忠弘, 他. 合成カルシウムフェライトの鉱物学的ならびに冶金的性状に関する研究. 鐵と鋼：日本鐵鋼協會々誌, 1969, 55(8): 669-681.

第8章　超声波辅助铁酸钙生成及结晶

随着铁矿石品位降低，脉石成分增加，烧结过程中初始液相的流动性变差，抑制了烧结的同化过程。如何在复杂原料条件下提高烧结的经济和技术指标成为目前钢铁企业亟待解决的问题。从理论上看，烧结过程中产生充足的液相量及快速均一的同化过程是解决问题的关键。在此背景下，笔者提出将超声波引入铁矿石烧结过程中，通过施加超声场加快质点的运动、改善反应动力学条件、促进凝固过程中的均匀形核、细化铁酸钙晶粒，改善其强度及还原性。本章总结和分析了超声波作用下铁酸钙的生成及结晶行为。

8.1　超声波作用下固相铁酸钙的生成

8.1.1　常规条件下固相铁酸钙的生成

在空气气氛，实验温度 650～850℃，保温时间 9h 的条件下，Wei 等[1]使用 CaO 和 Fe_2O_3 试剂研究了铁酸钙生成量的变化。实验后样品中各个物相的含量如图 8.1 所示。可以看到，700℃之前，CaO 并未与 Fe_2O_3 发生反应，当温度升高到 750℃时，样品中出现了 C_2F 与 CF，且 C_2F 的含量明显大于 CF，由此可以推测，样品中首先生成 C_2F。根据反应的标准吉布斯自由能，CaO 与 Fe_2O_3 反应优先生成 C_2F，两者结果一致。随着实验温度的增高，CF 的含量不断增加，C_2F 不断地与 Fe_2O_3 反应生成 CF，使得样品中 C_2F 的增加速率有所减缓。温度达到 850℃时，CF 成为样品中的主要物相，CF 和 C_2F 的含量分别达到了47.76%和40.66%。总体而言，提高实验温度有利于 CF 和 C_2F 的生成。

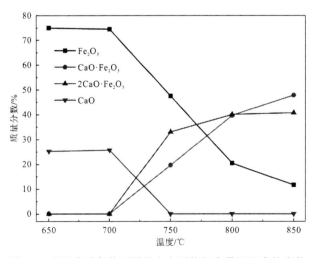

图 8.1　常规实验条件下样品中主要物相含量随温度的变化

8.1.2　施加超声波时固相铁酸钙的生成

与常规实验不同的是，施加超声波的实验在保温过程中向样品中施加不同超声功率
$(0\sim89\%\times2kW)$ 和不同施振时间 $(0\sim150min)$ 的超声波。

1. 实验温度的影响

图 8.2 为不同实验温度下超声波处理 150min 时样品中各物相的含量。样品中的物相
种类与常规实验完全相同。温度为 650℃时，样品中的 CaO 与 Fe_2O_3 并未反应，主要物相
为 CaO 与 Fe_2O_3。与常规实验不同的是，当温度升高到 700℃时，样品中已经有 CF 和 C_2F
出现，意味着施加超声波后 CaO 与 Fe_2O_3 反应生成 CF 和 C_2F 的温度降低了约 50℃。温
度升高消耗了样品中的 CaO 和 Fe_2O_3，使得 C_2F 和 CF 的含量升高。当温度超过 750℃时，
由于 Fe_2O_3 与 C_2F 不断反应，样品中生成了大量的 CF。当温度达到 850℃时，CF 相的质
量分数达到了 98.73%，显著大于常规实验时的 47.76%。由此可见，超声波处理有助于加
快固相间的化学反应速率。超声振动通过超声杆与固相颗粒的界面将超声波能量传递到样
品中，改变了 CaO 和 Fe_2O_3 颗粒的反应性，加快了质点的位移频率[2]，提高了颗粒间的碰
撞概率，从而改善了样品的化学反应速率。

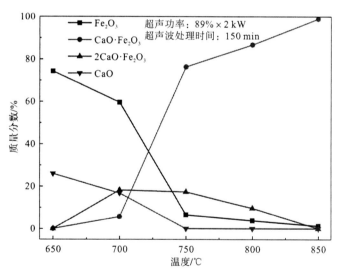

图 8.2　不同温度下超声波处理 150min 时样品中各物相的含量

2. 施振时间的影响

图 8.3 为施加不同超声波处理时间时样品中各物相含量的变化，样品中主要物相为
Fe_2O_3、CF 和 C_2F。随着超声波处理时间的增加，样品中 C_2F 和 Fe_2O_3 的含量不断减少，
而由于 C_2F 不断与 Fe_2O_3 反应，CF 的含量则显著增加。当超声波处理时间达到 150min
时，CF 的质量分数约为 77.34%，样品中 Fe_2O_3 和 C_2F 的含量则分别为 6.20% 和 16.46%。
当超声波通过振动将能量传递到样品中时，会导致颗粒间产生位移，因而加快了 CaO 和
Fe_2O_3 颗粒间的化学反应速率。延长超声波处理时间会进一步提高颗粒间的化学反应效

率及碰撞概率，加快反应中的传质过程，进而加速化学反应速率，使 CF 的生成量显著提高。

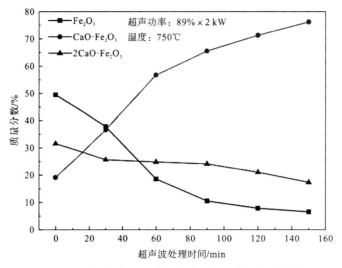

图 8.3　不同超声波处理时间时样品中各物相含量的变化

3. 超声功率的影响

图 8.4 为经不同超声功率的超声波处理 150min 后样品中各物相含量的变化。随着超声功率的提高，CF 的生成量增加而 C_2F 的含量减少，这表明 C_2F 与 Fe_2O_3 反应生成了 CF，当超声功率提高到 89%×2kW 时，CF 的质量分数达到了 77.34%。因此，提高超声功率有利于 CF 的生成。提高超声功率向颗粒中提供了更多的能量，因而有利于改善固相颗粒表面的反应性及反应的动力学条件，进而加速了传质过程，改善了样品中的反应速率，因此，随着超声功率的提高，生成了更多的 CF。

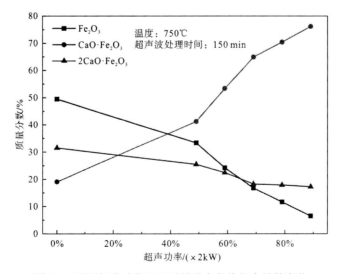

图 8.4　不同超声功率处理后样品中各物相含量的变化

8.1.3　样品的显微结构

图 8.5 所示为样品的 SEM 和 EDX 结果。由图可知，随着温度的升高，样品的形貌从块状[图 8.5(a)]变为柱状颗粒[图 8.5(c)]。EDX 结果表明，三个样品的主要物相分别为 CaO、Fe_2O_3、$Ca_xFe_yO_z$ 和 CF。可以确定的是，Fe_2O_3 在 650℃不与 CaO 反应，较高的温度或者较好的超声波处理条件，有利于 C_2F 和 CF 的生成。图 8.5(c)中的 CF 晶粒呈柱状，尺寸均匀，平均长度约为 5μm。

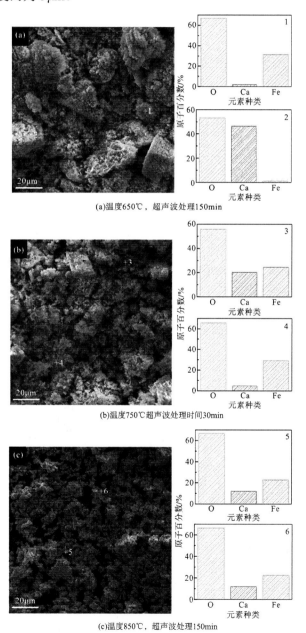

(a)温度650℃，超声波处理150min

(b)温度750℃超声波处理时间30min

(c)温度850℃，超声波处理150min

图 8.5　样品的显微结构及 EDX 分析

8.2   超声波作用下氧化物在铁酸钙熔体中的溶解

将氧化物棒样静置于铁酸钙熔体中,观察常规条件下施加超声波后氧化物棒样的显微结构及渣中氧化物的溶解量。其中,Al_2O_3溶解直接使用刚玉坩埚。

8.2.1 Al_2O_3 在铁酸钙中的溶解

图 8.6 为 CFA-0(无超声处理)和 CFA-1(超声处理)实验棒样在矿相显微镜下观察到的显微结构。图中铁酸钙与坩埚交界处深色部分为 Al_2O_3 与铁酸钙间形成的边界层,可以看出,此边界层较窄,平均厚度约为 4μm。图 8.7 所示为实验后 Al_2O_3 坩埚壁和渣的显微结

(a)CFA-0   (b)CFA-1

图 8.6   矿相显微镜下观察到的 CFA-0 及 CFA-1 实验反应层的显微结构

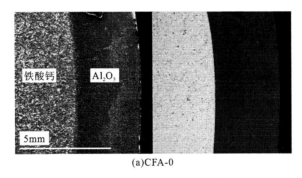

(a)CFA-0

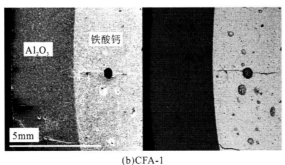

(b)CFA-1

图 8.7   实验后 CFA-0 和 CFA-1 样品的显微结构

构，无超声处理时，实验后坩埚壁厚度为 3.57±0.04mm，施加超声波后，坩埚壁厚度减小到 3.42±0.04mm。无超声波处理时，终渣中的 Al_2O_3 含量为 1.847%，Al_2O_3 溶解量较大的原因是坩埚与熔体接触的表面积较大，通过溶解进入熔体中的 Al_2O_3 含量增多；而经超声波处理后，终渣中的 Al_2O_3 含量比无超声处理时明显增加，达到了 6.770%。上述实验结果表明，施加超声波促进了 Al_2O_3 在铁酸钙中的溶解。

Xiang 等[3]已经使用旋转棒样法研究了 Al_2O_3 在 $CaO\text{-}Al_2O_3\text{-}Fe_2O_3$ 体系中的溶解动力学，结果表明，扩散是 Al_2O_3 向铁酸钙中溶解的限制性环节。当向熔体中施加超声波时，会在熔体中产生空化效应，空化过程中空化气泡所产生的瞬时高温、高压及产生的射流均会促进熔体的局部流动，同时，超声波在铁酸钙熔体中传播时由于铁酸钙熔体自身黏性力的作用导致铁酸钙熔体内声压的衰减，形成声压梯度，产生微弱的流场，也可以促进铁酸钙熔体的流动。因此，超声波的施加改善了 Al_2O_3 在铁酸钙熔体中的传质过程，以及溶解过程中的限制性环节，加速了 Al_2O_3 向铁酸钙熔体的扩散及化学反应。

8.2.2　SiO_2 在铁酸钙中的溶解

图 8.8 为 CFS-0（无超声处理）与 CFS-1（超声处理）实验 SiO_2 棒样的矿相显微镜图片。从图中可以看出，相比 Al_2O_3 棒，SiO_2 棒与铁酸钙渣间的反应边界层要大得多，这是因为 SiO_2 增加后熔体的黏度增大，增大了棒样与渣样间的边界层厚度。图 8.9 为实验后无超声处理和超声处理的 SEM 和 BSE 图片，无超声波处理时，实验后棒样的平均直径为 3.21±0.29mm，经超声波处理后，SiO_2 棒样的平均直径从 8mm 减小到 2.95±0.16mm。对两组实验的终渣进行检测，施加超声波后，终渣中的 SiO_2 含量由不到 0.100%（无超声处理）增加到 0.112%，同比提高 11.20%。可以看到，SiO_2 在铁酸钙中的溶解量较少，主要可能是因为实验过程中 SiO_2 棒为静置溶解，当棒样溶解时，在棒样表面形成了铁酸钙与 SiO_2 的反应层，从 SEM 和 BSE 图片可以看出，该反应层较厚，而 SiO_2 在铁酸钙中会增大黏度，因此，棒样表面由于 SiO_2 含量较高使此处熔体的黏度较大，进而形成"隔离膜"，影响了 SiO_2 在铁酸钙熔体中的持续溶解。综上所述，超声波处理对 SiO_2 棒样在铁酸钙熔体中的溶解有一定的促进作用。

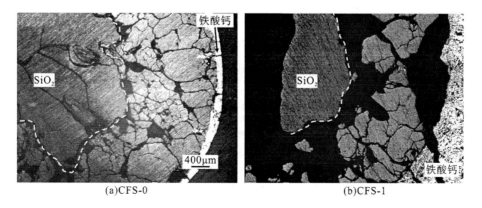

(a)CFS-0　　　　　　　　　　　　　(b)CFS-1

图 8.8　CFS-0 及 CFS-1 实验 SiO_2 棒样的矿相显微结构

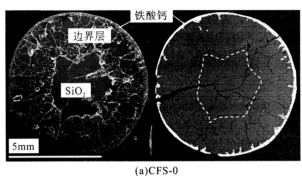

(a)CFS-0

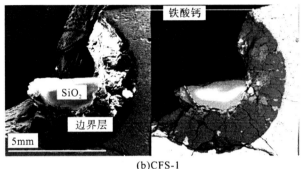

(b)CFS-1

图 8.9   实验后 CFS-0 和 CFS-1 样品的显微结构

关于 SiO_2 在 $CaO\text{-}SiO_2\text{-}Al_2O_3$ 体系中的溶解，Yu 等[4]已系统研究了其溶解动力学，并得到了 SiO_2 向铁酸钙熔体中溶解的限制性环节，结果表明，SiO_2 向铁酸钙熔体中溶解时，熔体黏度及 SiO_2 的扩散是其向铁酸钙熔体中溶解的限制性环节。当在熔体中施加超声波时，初始时，在超声波振动的作用下，已溶解的 SiO_2 向整个熔体中分布，从而降低了 SiO_2 棒样周围 SiO_2 的含量，增大了棒样与熔体间的浓度梯度，加速了 SiO_2 向熔体中的扩散，对其溶解的动力学条件有一定改善，随着静置的 SiO_2 棒与熔体间的不断反应，二者之间形成反应层。在此情况下，超声振动通过加速反应层向熔体中溶解的方式，间接促进 SiO_2 在熔体中的溶解。同时，超声施加过程中所形成的声场及流场可以将更多的熔体带到棒样处，增大了 SiO_2 棒样及其反应边界层与整个熔体接触的概率。因此，施加超声波有助于 SiO_2 棒样在铁酸钙中的溶解。

8.2.3   MgO 在铁酸钙中的溶解

图 8.10 为 CFM-0(无超声处理)和 CFM-1(超声处理)实验后棒样的显微结构，可以清晰地看到 MgO 与铁酸钙的反应界面。图 8.11 为超声波处理后棒样的 SEM 和 BSE 图片，无超声波处理时，MgO 棒直径由最初的 8mm 减小到 7.26 ± 0.07mm，超声波处理后，MgO 棒的直径为 6.78 ± 0.15mm。施加超声波后，终渣中的 MgO 含量增大，与无超声波处理时的 0.093%相比，渣中 MgO 含量提升了 80.645%，达到了 0.168%，可见，施加超声波加速了 MgO 在铁酸钙中的溶解。

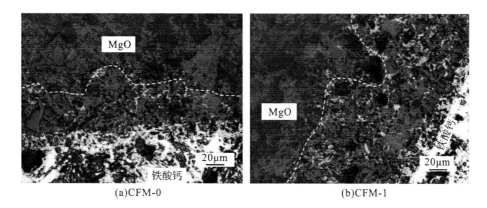

图 8.10　CFM-0 及 CFM-1 实验后 MgO 棒样的显微结构

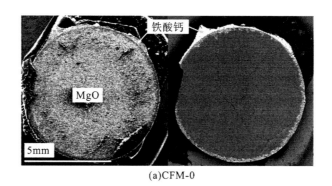

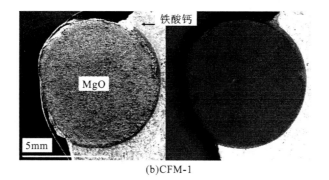

图 8.11　实验后 CFM-0 和 CFM-1 样品的显微结构

Wei 等[5]研究了 MgO 在 CaO-MgO-Fe$_2$O$_3$ 体系中的溶解动力学,通过求解动力学模型,发现 MgO 的扩散是其在铁酸钙熔体中溶解的限制性环节。当施加超声波后,熔体在超声波振动引起的空化效应及声流效应的作用下,流动能力增强,使已溶解的 MgO 能较均匀地分布在铁酸钙熔体中,从而增大了 MgO 棒与铁酸钙熔体间的浓度梯度,提高了 MgO 棒在熔体中的扩散能力,一定程度上改善了反应的限制性环节,从而促进了 MgO 在铁酸钙熔体中的溶解。

8.3 铁酸钙凝固行为研究

8.3.1 常规条件下凝固过程实验研究

实验将 CaO 与 Fe_2O_3 按摩尔比 1∶1 混合后加热到 1250℃，保温一段时间后随炉冷却，观察其显微结构。实验后，将渣样从上到下切为五部分（记为 Part1～Part5），分析其显微结构。图 8.12 所示为凝固后渣样各部分的 XRD 图谱结果，可见，各部分的主要峰均为 $CaFe_2O_4$、$Ca_8(Fe, Al)_8O_{20}$［即 $Ca_2(Fe, Al)_2O_5$、C2AF］和 $Ca_{3.18}Fe_{15.48}Al_{1.34}O_{28}$。XRD 结果与 CaO-Fe_2O_3 二元相图的结果并不一致，主要是因为实际凝固过程为非平衡凝固，并非相图中的平衡凝固。样品各部分的主要物相基本一致，可以分为富钙铁酸钙（即 CF 和 C2AF）和富铁铁酸钙（$Ca_{3.18}Fe_{15.48}Al_{1.34}O_{28}$）（注：C2AF 和 $Ca_{3.18}Fe_{15.48}Al_{1.34}O_{28}$ 的出现是由于刚玉坩埚固溶进入了铁酸钙中）。

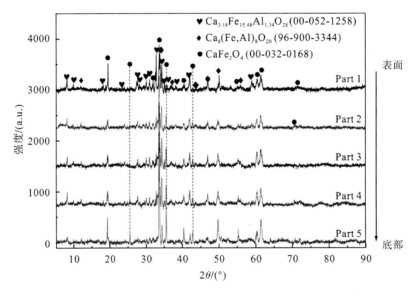

图 8.12　铜靶测定的常规条件下样品凝固后渣的 XRD 图谱

图 8.13 所示为凝固后渣样的纵剖面，凝固后渣样的高度约为 80mm，在中心处形成了非常明显的长约 22mm 的孔洞。主要是因为在熔体凝固过程中，熔体表面与空气换热最先凝固，而其他部位则是将热量先通过热传导传递给坩埚，再由坩埚壁向外部进行辐射传热，导致换热过程较慢，内部温度过高，熔体表面最先凝固，在凝固过程中，由于凝固收缩导致的孔洞被周围高温熔体所填充，因此，无孔洞产生，在中心部位，由于换热条件差导致温度较高，因此最后凝固，而在凝固时周围其他部分已先于其凝固，无熔体对孔洞进行补充，进而形成了孔洞。

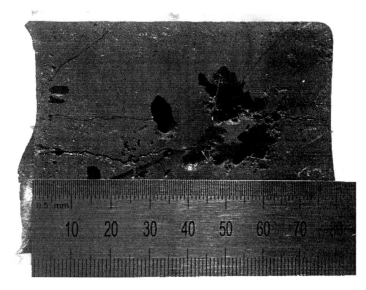

图 8.13　凝固后渣样的纵剖面

图 8.14 所示为凝固后渣样各部分中心处的矿相显微镜结果，中心处的位置如图 8.14 右下角所示。各部分的主要相为 CF。图片中多孔黑色区域应为凝固过程中形成的缩松，主要形成原因可能是在凝固过程中其他相先从熔体中结晶，导致该相在结晶过程中由于固体收缩产生的微孔无熔体进行填充，形成闭孔，进而在凝固后成为缩松。从 Part1 到 Part5 中心处，孔洞的面积先增大后减小，且表面处的孔洞面积最小，为 21.30%±1.81%，Part3 和 Part4 处面积较大，分别为 31.91%±3.62% 和 33.7%±1.36%，这与凝固后渣相的纵剖图一致，主要是由于凝固过程的影响，表面中心处最先凝固，已形成的孔洞由未凝固的熔体进行填充，因此，孔洞较少，而中心处换热最慢无熔体填充，形成孔洞。

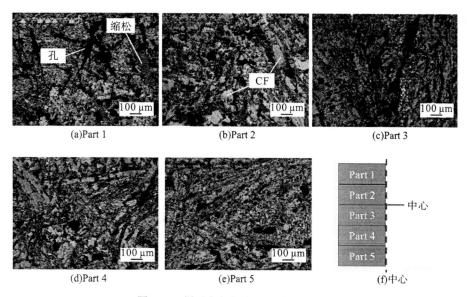

图 8.14　样品各部位中心处的显微结构

图 8.15 为各部位渣边缘处的显微结构，具体位置如右下角所示。其主要形貌与中心处相似，Part1 处相较其他部分更加致密，是由于该部分凝固最早，因此较为致密。对比渣样中心处和边缘处的形貌，发现同一部分中心处与边缘处的晶粒尺寸明显有较大差异，如 Part2 和 Part5，这主要受凝固过程中温度分布的影响，降温过慢影响了枝晶长大的过程。与中心处相似，边缘处孔洞的面积从 Part1 到 Part5 先增大后减小，但最大处仅为 25.98%±1.07%，明显小于中心处的孔洞面积，这是因为边缘部分在凝固过程中较中间部位先结晶，在凝固过程中因收缩出现的孔洞被沿中心方向的熔体所填充。

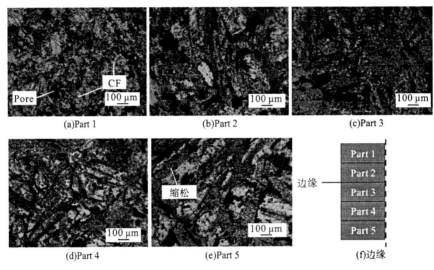

图 8.15　各部位边缘处的显微结构

图 8.16 和图 8.17 为样品凝固后各部分中心处和边缘处的 SEM、BSE 和 EDX 图谱。可以看出，每个部分均由两个区域组成，总体可概括为两相，其中一相为富钙相（Fe/Ca 原子含量比为 1~2），另一相为富铁相（Fe/Ca 为 3~5）。将 SEM 和 BSE 结果与矿相显微镜得到的各部位的显微结构结果相对比可知，SEM 图谱中光滑区域的枝晶为矿相结果中的平滑区域，即富钙铁酸钙，SEM 图谱中粗糙区域的枝晶为富铁铁酸钙，即矿相中缩孔集中的区域。富铁铁酸钙中缩松的形成可能是因为该相结晶的时间晚于富钙铁酸钙，在其凝固时，枝晶形成过程中的孔洞并无多余熔体进行补充，进而成为缩松。同时，对比 BSE 图片中各部分中心处和边缘处的晶粒尺寸，可以发现，晶粒尺寸的差异较大，且分布不均，这一结论与矿相结果相似。

点位号	原子百分数/%	
	Ca	Fe
1	14.89	21.09
2	7.52	29.57

(a)Part 1

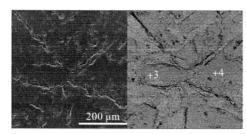

点位号	原子百分数/%	
	Ca	Fe
3	12.95	25.72
4	7.39	28.16

(b)Part 2

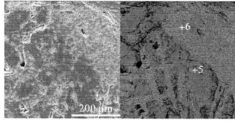

点位号	原子百分数/%	
	Ca	Fe
5	14.53	18.43
6	6.84	31.39

(c)Part 3

点位号	原子百分数/%	
	Ca	Fe
7	16.47	24.13
8	7.91	33.56

(d)Part 4

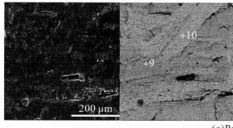

点位号	原子百分数/%	
	Ca	Fe
9	10.27	25.02
10	8.16	32.59

(e)Part 5

图 8.16　样品凝固后各部分中心处 SEM 图像和 EDX 结果

点位号	原子百分数/%	
	Ca	Fe
1	9.98	21.59
2	6.20	23.56

(a)Part 1

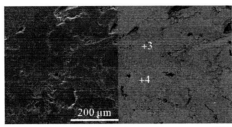

点位号	原子百分数/%	
	Ca	Fe
3	16.16	23.33
4	7.19	30.12

(b)Part 2

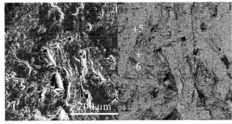

点位号	原子百分数/%	
	Ca	Fe
5	16.78	26.13
6	7.77	26.54

(c)Part 3

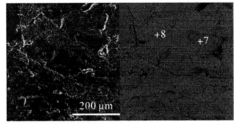

点位号	原子百分数/%	
	Ca	Fe
7	15.52	21.76
8	6.91	30.32

(d)Part 4

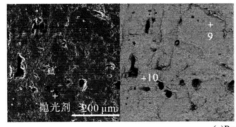

点位号	原子百分数/%	
	Ca	Fe
9	12.98	23.30
10	6.91	29.13

(e)Part 5

图 8.17 样品凝固后各部分边缘处的 SEM 图像和 EDX 结果

8.3.2 超声功率对铁酸钙凝固的影响

图 8.18 所示为不同超声功率处理后样品的 XRD 图谱。结果表明，所有样品的主要物相相同，与常规实验结果相似，CF 是各个样品中的主要物相。

图 8.19 所示为不同超声功率处理后样品的显微结构。样品主要呈灰白色，由此推断其主要物相为 CF。与其他样品相比，无超声处理时样品中孔的面积更大，当超声波导入熔体中时，由于超声波的振动及熔体的流动，样品凝固过程中较大的孔被周围的熔体所填充，从而减小了样品中孔隙的数量。可见，增大超声功率有利于减小样品中孔洞的面积。

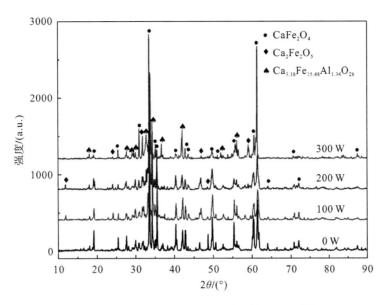

图 8.18　不同超声功率凝固时样品的 XRD 图谱

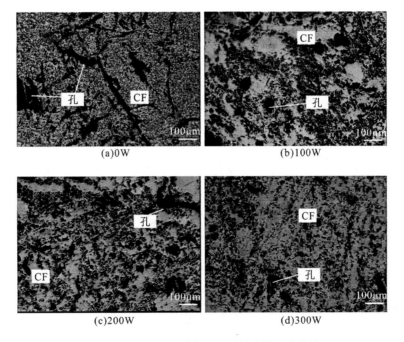

图 8.19　不同超声功率处理后样品的显微结构

图 8.20 所示为渣样的 SEM 和 EDX 检测结果。在各个样品中，都可以观察到两个明显不同的区域，从 EDX 结果可以看出，两个区域的原子比不同，即两个区域各自代表不同的物相。根据图 8.20 中 Ca、Fe 的原子百分比，可以推测其中一相的组成接近 CF，另一相是其他形式的铁酸钙。此外，根据 300W 超声处理后样品坩埚底部的元素分布（图 8.21）可以看出，坩埚底部的 Ca、Fe 原子比与超声杆端面下方的不同（图 8.20 中 300W 超声处理样品）。这意味着熔体凝固过程中可能产生了成分偏析。

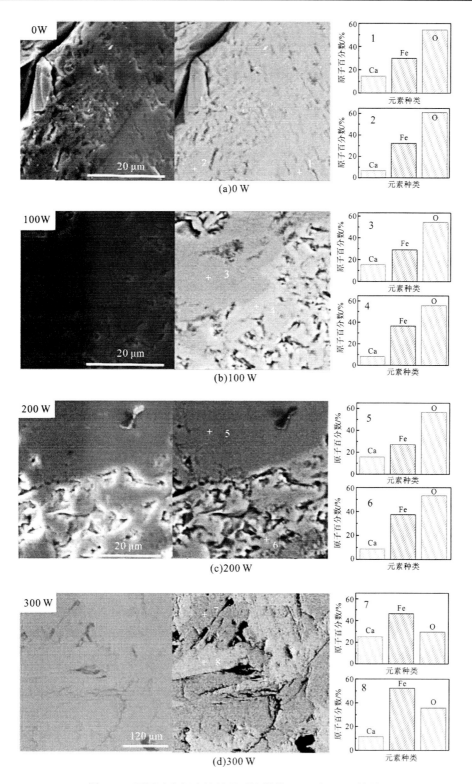

图 8.20　不同功率超声波处理后渣样的 SEM 和 EDX 结果

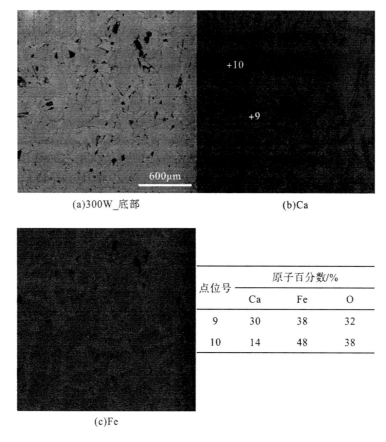

	点位号	原子百分数/%		
		Ca	Fe	O
	9	30	38	32
	10	14	48	38

图 8.21　300W 超声处理样品底部的元素分布

图 8.22 所示为酸浸后样品的显微结构。从未经超声处理的样品中可以看到，其主要相为粗大的针状晶粒，平均晶粒尺寸约为 1967μm，如图 8.23 所示。随着超声功率的增加，晶粒数量明显增加，平均晶粒尺寸不断减小，分布更加均匀。300W 超声波处理后样品的平均晶粒尺寸减小到了 442μm[7]。熔体的超声处理是一种广为人知的细化晶粒的方法，得益于超声振动过程中所产生的空化效应和声流效应，其可以显著增加晶粒形核，进而细化晶粒。

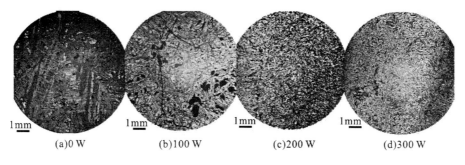

图 8.22　不同超声功率处理后的样品经酸浸后的显微结构

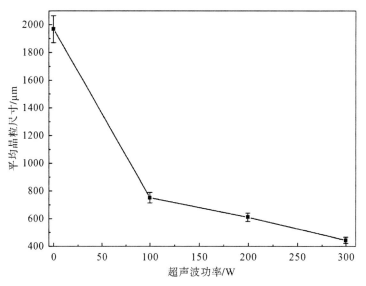

图 8.23　不同超声功率处理后样品的平均晶粒尺寸

图 8.24 所示为计算的样品密度。随着超声功率的增加，铁酸钙渣的密度增大，这主要是由于超声波的振动及空化效应。在凝固过程中，将超声振动导入熔体中时，熔体中已经存在的孔会在超声波的空化效应、机械效应及声流效应的作用下被周围未凝固的熔体填充，从而使样品的密度增大。

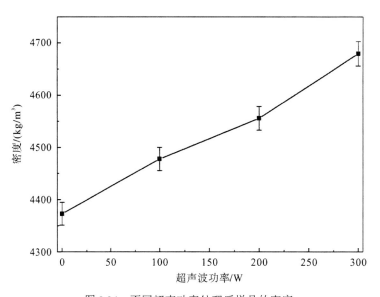

图 8.24　不同超声功率处理后样品的密度

不同超声功率处理后样品的极限抗压强度值如图 8.25 所示。结果表明，超声振动对铁酸钙渣的力学性能有着重要影响。随着超声功率的增加，铁酸钙渣的抗压强度不断增大。这是因为铁酸钙抗压强度的提高与超声处理下显微结构的变化有关，更重要的是与细小均匀的针状铁酸钙的形成及样品中孔洞的减少有关。在超声波的作用下，无数细小的针状晶粒相互交织在一起，这极大地增加了晶界的数量，从而起到了"晶界强化"的作用。另外，存在于熔体中的孔洞在超声波作用下被周围的熔体填充，从而改善了铁酸钙渣的抗压强度。

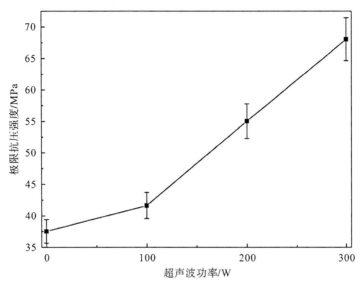

图 8.25　不同超声功率处理后样品的极限抗压强度

图 8.26 所示为样品在 30%CO 和 70%Ar 混合气氛下经 900℃等温还原的结果。随着超声功率的增加，样品的还原时间逐渐缩短，还原率逐渐提高。这主要有两方面的原因：一方面是样品晶粒细化后还原动力学条件得到改善，另一方面可能是渣样凝固过程中的偏析影响。

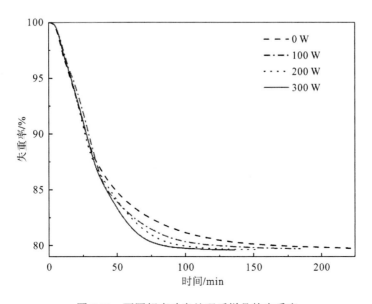

图 8.26　不同超声功率处理后样品的失重率

　　高强超声波在熔体中的传播过程中,所产生的两个广为人知的重要现象分别是空化效应及声流效应[8]。超声波在熔体中交替膨胀和压缩,导致铁酸钙熔体中产生了大量的微小气泡,随着声波的传播,由于熔体的气化,气泡不断长大。随后,在膨胀的半周期中,气泡在长大过程中从周围熔体中吸收了大量的热量导致气泡/熔体界面的温度显著降低,当温度降低到特定值时,界面的固相颗粒开始形核并长大。一旦声压值超过空化阈值,空化气泡就会消失并会产生一个高温高压的震动波,在震动波作用下形成的强大的射流会把在气泡/熔体界面形成的形核核心分散到熔体中,从而在铁酸钙熔体中产生无数的形核质点[9]。由熔体中的声压梯度所产生的声流,将形核质点分散到整个熔体中,极大地增加了均质形核的形核源数量,并且改善了传质过程,因此,促进了铁酸钙渣的晶粒细化。随着超声功率的增加,样品中的声压不断增加,从而细化了晶粒。因此,熔体中孔洞数量的减少使得渣的密度增大,而细小晶粒的增加也提高了渣的力学性能。

8.3.3　超声杆施振深度对铁酸钙凝固的影响[10]

　　图 8.27 所示为超声杆不同施振深度下凝固后渣的 XRD 图谱。可以看出,$CaFe_2O_4$ 仍然是主要物相,同时,也有一些其他组成的铁酸钙存在于渣样中。

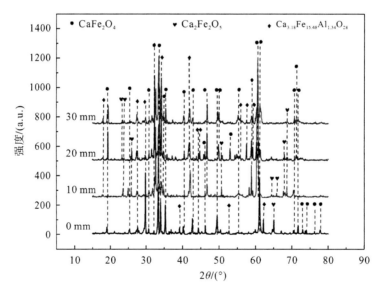

图 8.27　不同浸入深度下铁酸钙凝固后的 XRD 图谱

　　图 8.28 为使用光学显微镜观察的凝固后渣的显微结构。可以看出,CF(呈灰白色)是这些样品中的主要物相。施振深度 0mm 样品中的微孔面积明显多于其他样品。在熔体凝固过程中,当超声波导入熔体中时,在超声波的振动及空化效应的作用下,熔体中的微孔被其周围的熔体所填充。随着超声杆施振深度的增加,熔体底部的声压增加,改善了铁酸钙熔体中的振荡及空化效果。随着渣样中微孔面积的减小,样品变得更加致密。无超声波振动时,微孔的面积分数为 52.13%。当超声杆施振深度从 10mm 增加到 30mm 时,微孔的面积分数不断减小。

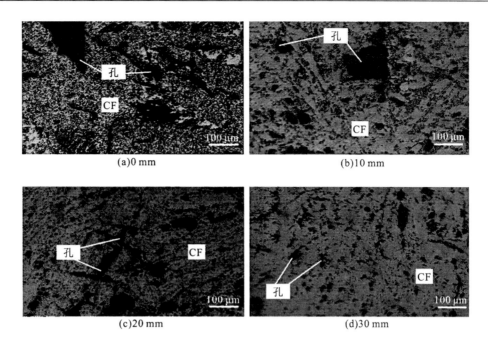

图 8.28　不同浸入深度下铁酸钙凝固后的显微结构

　　图 8.29 所示为凝固后渣的 SEM 及 EDX 结果。在 0mm 样品中可以观察到两个明显不同的区域，且这两个区域的面积大小相似。根据 EDX 结果，右侧区域的物相成分接近 CF，另一侧的物相成分则是另一种形式的铁酸钙。

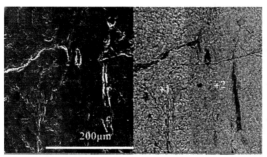

点位号	原子百分比/%		
	Ca	Fe	O
1	6.37	40.48	54.15
2	12.69	34.98	52.33

(a)0 mm

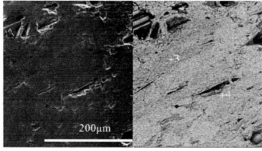

点位号	原子百分比/%		
	Ca	Fe	O
3	13.85	26.41	59.74
4	12.93	37.05	50.02

(b)10 mm

点位号	原子百分比/%		
	Ca	Fe	O
5	13.34	35.50	51.16
6	12.35	26.15	60.50

(c)20 mm

点位号	原子百分比/%		
	Ca	Fe	O
7	20.27	18.82	60.91
8	12.96	27.46	59.58

(d)30 mm

图 8.29　不同浸入深度下铁酸钙渣的 SEM 及 EDX 结果

　　图 8.30 所示为凝固渣酸浸后的显微结构。从图中可以看出，无超声波处理后，0mm
样品中有许多粗大的柱状晶粒。当使用超声波处理后，在样品中可以看到无数的针状铁酸
钙晶粒。随着超声杆施振深度从 10mm 增加到 30mm，铁酸钙样品的平均晶粒尺寸从
1071μm 减小到 841μm（图 8.31），显著小于未处理样品的 2864μm。根据凝固理论，过冷
是凝固过程的主要驱动力。当超声波导入铁酸钙熔体中时，熔体中出现了声压，从而导致
无数微小的空化气泡的产生。随着超声波的周期性传播，通过吸收气泡与熔体界面的热量，
熔体中已产生的微小气泡的半径逐渐增大。因此，界面的温度迅速降低，随后固相在界面
上析出，成为形核质点，且逐渐长大。当空化气泡的半径超过半径阈值时，气泡将会破灭
并产生一个高温高压的区域，击碎界面已长大的晶粒。在超声波作用过程中，熔体中声压
梯度的存在，会使熔体内部形成声流[11, 12]。破碎的晶粒会在声流的作用下均匀地分布于整
个铁酸钙熔体中。随后，有利于均质形核的形核质点数量显著增加，熔体中的传质过程得
到改善。从而，在超声波的作用下，粗大的柱状铁酸钙晶粒被细化为针状晶粒。

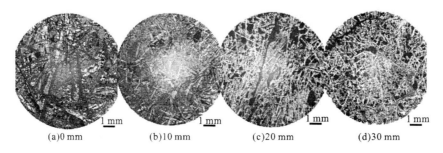

(a)0 mm　　　　　　(b)10 mm　　　　　　(c)20 mm　　　　　　(d)30 mm

图 8.30　不同浸入深度下凝固后样品酸浸后的显微结构

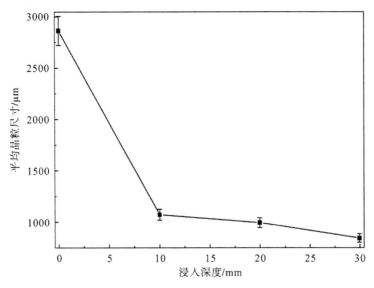

图 8.31　不同浸入深度下铁酸钙的平均晶粒尺寸

如图 8.32 所示，随着超声杆施振深度从 0mm 增加到 30mm，凝固样品的密度从 3904kg/m³ 增大到 4452kg/m³。图 8.32 所示样品的密度变化与凝固后渣的显微结构相对应。在铁酸钙熔体凝固过程中，超声振动的导入促进了熔体的流动并减少了样品中微孔的形成，从而增大了铁酸钙样品的密度。随着超声杆施振深度的增加，熔体底部的声压增大，改善了熔体内的空化效果及振动效果，样品密度增大。

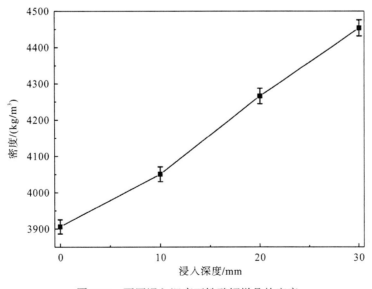

图 8.32　不同浸入深度下铁酸钙样品的密度

图 8.33 为样品的极限抗压强度。在功率超声作用下，样品的极限抗压强度有极大的提高。将超声杆施振深度从 0mm 增加到 30mm，极限抗压强度从 38.3MPa 增加到 87.3MPa。其主要原因可以分为两方面：一方面是超声波在熔体内产生的振荡减少了熔体中孔洞的数

量；另一方面是在超声波振动过程中引起的空化效应和声流效应，促进了铁酸钙晶粒的细化，从而在渣中产生了更多的晶界，有利于晶粒界面的生成，阻碍了位错运动，进而抑制了裂纹的传播，提高了样品的抗压强度。

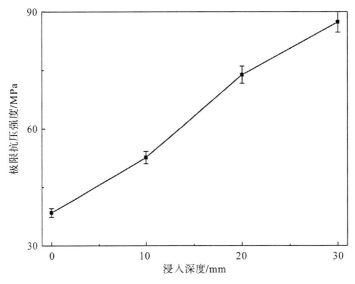

图 8.33 不同浸入深度下铁酸钙的极限抗压强度

图 8.34 所示为 900℃下使用 CO-30%+Ar-70%混合气还原铁酸钙样品的实验结果。随着超声杆施振深度的增加，样品的总还原时间增长，还原性得到改善。样品间还原时间及还原速率的差异可能与铁酸钙渣的晶粒细化以及施加超声波后渣样凝固过程中的成分偏析有关。

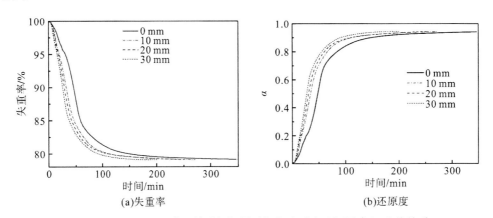

(a)失重率   (b)还原度

图 8.34 不同浸入深度下铁酸钙还原时间与失重率及还原度（α）的关系

8.3.4 300W 超声波作用下铁酸钙凝固后的显微结构

为充分了解超声波处理后铁酸钙渣样内部的显微结构，将 300W 超声波处理后的样品从上到下剖分为五部分，分析其显微结构。图 8.35 和图 8.36 为 300W 超声波处理后的渣不同部位中心处及边缘处的显微结构。可以看到，每个部分各有两个明显不同的区域，这意味着样品中存在两个不同的相，且样品中的晶粒均呈针状，尺寸相似，各部分中心处与边缘处的显微结构均相似。根据 EDX 结果，其中一相为富铁相，另一相为富钙相。根据 Ca 与 Fe 的原子比可知，除了 Part1，其他各部分的物相组成也较为相似，主要可能是 Part1 距离超声杆端面较近，此处声压较大，受到超声振动作用，较早达到了 CF 的析出温度，其他部分中心处与边缘处组成相似，说明超声波起到了均匀化学成分的作用。EDX 结果显示，主要物相可能为 CF、C_2F 及其他类型的富铁铁酸钙，这与之前的分析一致，主要是因为实际凝固过程为非平衡凝固，固相析出后不再参与反应。根据图 8.35 和图 8.36 的 EDX 结果，可以得到 300W 渣样各部分中心处及边缘处的平均晶粒尺寸,结果如图 8.37 和图 8.38 所示。在不同部分的中心处，平均晶粒尺寸从 Part1 的 687±145μm 变为 Part5 的 647±182μm；在不同部分的边缘处，平均晶粒尺寸从 Part1 的 662±156μm 变为 Part5 的 577±182μm，整个样品平均晶粒尺寸的变化幅度均较小，且各部分中心处和边缘处的晶粒尺寸变化也较小。这就说明超声振动显著细化了铁酸钙凝固过程中形成的晶粒，并使渣中的晶粒分布得更加均匀。

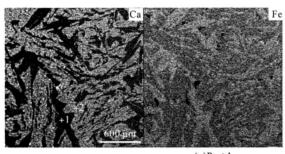

点位号	原子百分数/%		
	Ca	Fe	O
1	25.83	51.67	22.50
2	14.88	50.92	34.20

(a)Part 1

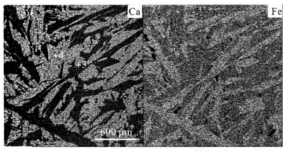

点位号	原子百分数/%		
	Ca	Fe	O
3	30.39	34.41	35.20
4	11.51	37.72	50.77

(b)Part 2

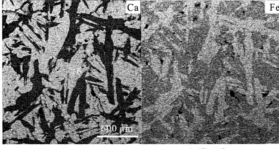

点位号	原子百分数/%		
	Ca	Fe	O
5	30.83	36.07	33.10
6	15.61	41.93	42.45

(c)Part 3

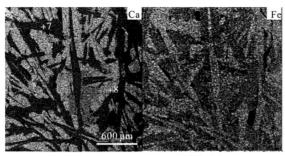

点位号	原子百分数/%		
	Ca	Fe	O
7	30.61	36.10	33.30
8	12.34	44.01	43.65

(d)Part 4

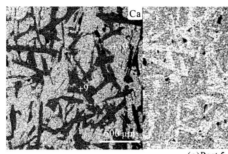

点位号	原子百分数/%		
	Ca	Fe	O
9	30.29	37.98	31.73
10	14.46	47.71	37.83

(e)Part 5

图 8.35 超声杆端面到坩埚底部各部分中心处的 EDX 结果

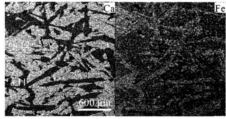

点位号	原子百分数/%		
	Ca	Fe	O
11	24.43	46.29	29.28
12	13.71	65.05	21.24

(a)Part 1

点位号	原子百分数/%		
	Ca	Fe	O
13	26.16	28.42	45.42
14	9.10	29.15	61.74

(b)Part 2

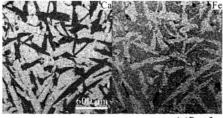

点位号	原子百分数/%		
	Ca	Fe	O
15	27.49	29.94	42.57
16	10.77	37.04	52.19

(c)Part 3

点位号	原子百分数/%		
	Ca	Fe	O
17	27.61	32.22	40.17
18	10.38	34.87	54.74

(d)Part 4

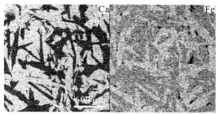

点位号	原子百分数/%		
	Ca	Fe	O
19	29.76	36.33	33.91
20	13.74	40.39	45.87

(e)Part 5

图 8.36 超声杆端面到坩埚底部各部分边缘处的 EDX 结果

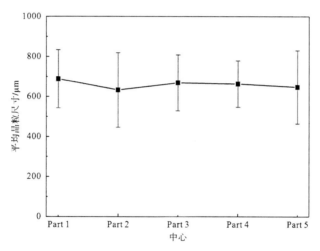

图 8.37 样品不同部分中心处的平均晶粒尺寸

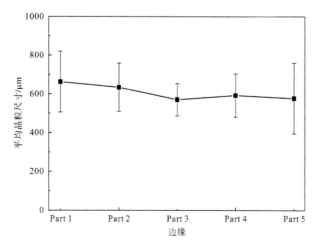

图 8.38 样品不同部分边缘处的平均晶粒尺寸

　　图 8.39 所示为 300W 超声波处理后样品从上到下各部分的 XRD 图谱。可以看出，渣样不同部分的主要物相基本相同，分别为 CF、$Ca_8(Fe, Al)_8O_{20}$（C2AF）及 $Ca_{3.18}Fe_{15.48}Al_{1.34}O_{28}$，说明确实有少量坩埚中的 Al_2O_3 固溶进入了铁酸钙，且各部分主要峰的强度基本一致，结合 EDX 图谱可知，超声波振动可能使样品的物相组成更加均匀。

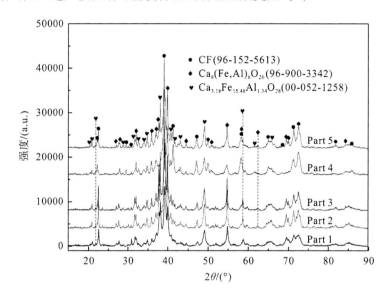

图 8.39　300W 超声波处理后样品从上到下各部分的 XRD 图谱

参 考 文 献

［1］Wei R R, Lv X W, Yang M R, et al. Effect of ultrasonic vibration treatment on solid-state reactions between Fe_2O_3 and CaO. Ultrasonics Sonochemistry, 2017, 38: 281-288.

［2］Fartashvand V, Abdullah A, Vanini S A S. Effects of high power ultrasonic vibration on the cold compaction of titanium. Ultrasonics Sonochemistry, 2017, 36: 155-61.

［3］Xiang S L, Lv X W, Yu B, et al. The Dissolution kinetics of Al_2O_3 into Molten CaO-Al_2O_3-Fe_2O_3 Slag. Metallurgical and Materials Transactions B, 2014, 45（6）: 2106-2117.

［4］Yu B, Lv X W, Xiang S L, et al. Dissolution kinetics of SiO_2 into CaO-Fe_2O_3-SiO_2 Slag. Metallurgical and Materials Transactions B, 2016, 47B（3）: 2063-2071.

［5］Wei R R, Lv X W, Yue Z W, et al. The Dissolution kinetics of MgO into CaO-MgO-Fe_2O_3 Slag. Metallurgical and Materials Transactions B, 2017, 48（1）: 733-742.

［6］Wei R R, Lv X W, Yang M R, et al. Solidification behavior of calcium ferrite under ultrasonic vibration. Metallurgical and Materials Transactions B, 2018, 49B（6）: 3200-3210.

［7］Wei R R, Lv X W, Yang M R, et al. Improving the property of calcium ferrite using a sonochemical method. Ultrasonics Sonochemistry, 2018, 43: 110-113.

［8］Nimesh P, Kiran V P, Nezih P. Sonochemistry: science and engineering. Ultrasonics Sonochemistry, 2016, 29: 104-128.

［9］Wei R R, Lv X W, Yang M R, et al. Numerical Simulation of Ultrasound-Induced Cavitation Bubbling in a Calcium Ferrite Melt. TMS Annual Meeting & Exhibition. Springer, Cham, 2018.

[10] Wei R R, Lv X W, Yang M R, et al. Solidification of calcium ferrite melt using ultrasonic vibration: effect and mechanism. Metallurgical and Materials Transactions B, 2018, 49(5): 2658-2666.

[11] Liu Z W, Wang X M, Han Q Y. Effect of ultrasonic vibration on direct reaction between solid Ti powders and liquid Al. Metallurgical and Materials Transactions A, 2014, 45A(2): 543-546.

[12] Jian X, Meek T T, Han Q. Refinement of eutectic silicon phase of aluminum A356 alloy using high-intensity ultrasonic vibration. Scripta Materialia, 2006, 54(5): 893-896.

第9章　铁矿石烧结生产工艺优化与实践

随着全球优质铁矿石的减少，钢铁企业原料条件已发生重大转变。钢铁企业原料逐渐呈现出低贫化、复杂化和波动化的特点。低贫化就是指铁矿石品位低，优质资源的持续大宗开发客观上导致了矿石价格的上涨，尤其是矿石价格高位运行时，低品位劣质资源的利用就显得极其重要，成为降低成本最有效的手段。复杂化是指参与配矿的原料种类越来越多，钢铁企业喜欢用"吃百家饭"来形容目前原料的复杂特征。目前除了铁矿石外，各企业普遍会使用一定比例的钢渣、除尘灰等生产过程中的固废配加在混合料中。波动化是指烧结混匀料的不稳定性，化学成分、物相组成和粒度分布等都存在波动，这也是导致烧结生产和烧结矿质量不稳定的直接原因。在这种情况下，传统的基于"精料方针"的烧结理论体系已无法支撑贫劣资源的大规模应用，主要表现在低品位矿烧结多元铁酸钙液相生成热力学数据和模型缺失、脉石在烧结同化过程中固液界面的物理化学机制模糊、化学成分对烧结矿冶金性能影响的规律不明晰等。本章通过前面的研究对烧结过程的物理化学问题进行了梳理，对脉石成分固相反应、液相产生、固相在液相中的溶解及液相在固相界面中的润湿进行了系统阐述。本章将尝试利用这些物理化学的研究结论对实际烧结过程的现象进行解释，以期对低品位铁矿石烧结高效、低耗发展起到推动作用。

9.1　熔剂的选择

熔剂是烧结工艺产生液相的成分保证，随着烧结液相体系的发展，烧结矿碱度升高，熔剂的添加量增加。氧化钙是目前最有效和廉价的熔剂，实际生产中氧化钙的最常见来源是生石灰和石灰石。然而，生石灰和石灰石做熔剂条件下铁酸钙的形成机制略有不同。生石灰在制粒过程中转变为 $Ca(OH)_2$，起到强化制粒和改善料层透气性的作用。烧结阶段，两种熔剂都首先经历高温分解，其次通过固相反应与铁矿石形成铁酸钙。石灰石分解温度高($800℃$)，产生的 CaO 活性高，更有利于铁酸钙的生成。如图 9.1 所示，尽管 $CaCO_3$ 产生 CaO 的时间滞后，但是高温阶段反应迅速，有后来居上之势。综合考虑制粒和烧结过程技术与成本因素，二者应结合使用，不同企业二者使用比例有所不同，目前从企业调研情况来看，多数企业使用的比例为，生石灰：石灰石=1：3。

近十几年来，我国高炉炼铁工艺中炉渣 Al_2O_3 含量逐年提高，为了消除 Al_2O_3 含量提高带来的不利影响，需要提高炉渣中 MgO 含量，因此烧结中采用部分白云石、轻烧白云石或者蛇纹石以提高烧结矿中 MgO 含量。从本书前面章节 MgO 在铁酸钙中的溶解和铁酸钙在 MgO 表面的润湿行为来看，MgO 对烧结液相形成不利。MgO 在铁酸钙中的溶解度小，MgO 进入液相后会在固液界面析出，并阻止液相与固相的同化作用，产生薄壁大孔的结构，引起烧结矿成品率和强度的下降。当烧结工艺中使用白云石时这种规律尤其明显，但是如果使用蛇纹石结论却是相反的。可能的原因是蛇纹石中 MgO 会和 SiO_2 等其他物质形成硅酸盐相，熔点较低，整体上提高了烧结的液相量，有可能会对烧结矿强度的提高起到有益的作用。但是，使用蛇纹石会进一步降低烧结矿的品位，这对炼铁节能增效是不利的。

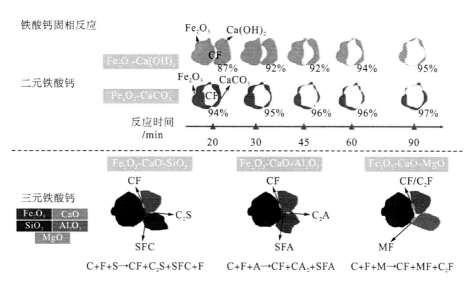

图 9.1　CaO 来源对于铁酸钙产生行为的影响与三元铁酸钙的形成机制

碱度是熔剂性烧结矿性能控制的核心要素，目前烧结矿碱度普遍在 1.7~2.2。在混匀料中 SiO_2 含量一定的条件下，提高碱度意味着液相产生铁酸钙的能力提高，有利于提高烧结矿的冶金性能。如图 9.2 和图 9.3 所示，绝大部分研究[1-9]表明提高碱度对于提高烧结矿的成品率和转鼓强度具有积极作用；当碱度超过一定值时提高碱度反而不利，从文献报道来看，出现转折的碱度分布在 2.2~2.6，当碱度超过 3 时，烧结过程因为产生液相过多而导致各项指标呈下降趋势。控制烧结矿的碱度本质是为了高炉造渣制度的方便，然而对于不同的矿石，碱度高低并不代表产生铁酸钙的多少。铁钙比(Fe_2O_3/CaO)是衡量产生铁酸钙能力的有效度量。但是，一味提高碱度也并不一定能获得冶金性能优良的烧结矿。在烧结过程中，物料在高温段的保持时间有限，能够溶解进入液相的熔剂量也是有限的；过多使用 CaO 基熔剂反而会造成 CaO 反应不充分，烧结矿中夹带游离氧化钙(俗称烧结矿白点)，导致成品率的降低和转鼓强度的下降。随着目前环境政策的严苛，未来我国钢铁行业使用的球团矿比例将会逐渐提高，而高炉炉料结构中烧结矿的比例则会下降。超高碱度烧结矿是未来的发展方向之一，因此，克服高碱度烧结时矿化不完全、烧结矿强度降低和粉化现象加剧等问题，开发适用于超高碱度的高效绿色烧结工艺与技术将是重要课题。

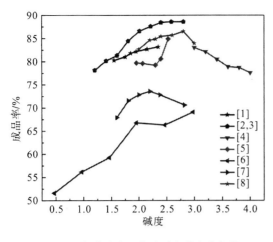

图 9.2　烧结矿成品率随碱度的变化规律

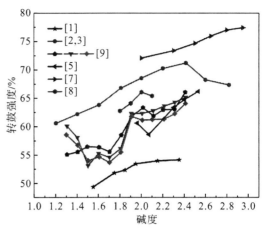

图 9.3　烧结矿转鼓强度随碱度的变化规律

9.2　燃　　料

在铁矿石一定的情况下，烧结工艺的可控环节就是料层升温制度，这是由烧结过程中的燃料燃烧过程控制的；同时燃烧过程同样控制着烧结料层的氧势，进而影响烧结矿的物相组成。如图 9.4 所示为工业烧结台车上的料层的温度分布示意图。由图可知，随着烧结时间的推移，垂直方向上燃烧带下移，燃烧带变厚，由于料层的蓄热作用，靠近料层底部的燃烧层所能达到的最高温度上升。在燃烧层到达烧结机尾部前，烧结燃烧反应完成，随后烧结矿经过破碎后进入冷却系统。

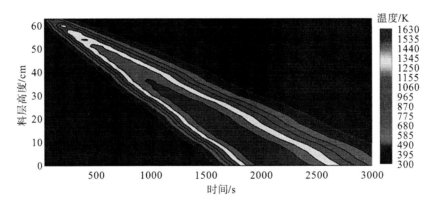

图 9.4　铁矿石烧结台车温度分布示意图

烧结料层的温度分布与燃料的性质和料层的透气性有显著的关系。烧结生产中要求燃料的燃烧速度和料层的传热速度相匹配，由于焦粉的燃烧速率慢于煤粉或者兰炭，刚好与料层传热速率相当，因此烧结生产多用焦粉作为主要燃料。笔者在单独用兰炭、焦粉作为燃料及二者相互搭配等条件下进行了相关实验研究，其结果如图 9.5 所示，结果表明单独使用焦粉或者兰炭时烧结矿的成品率和强度均优于二者搭配使用的情况。主要原因就是兰炭的燃烧速度显著快于焦粉,二者搭配使用无法实现物料加热的同步,料层整体温度较低,燃烧时间延长,燃烧速率与传热速率出现了"先快后慢"的异步情况。

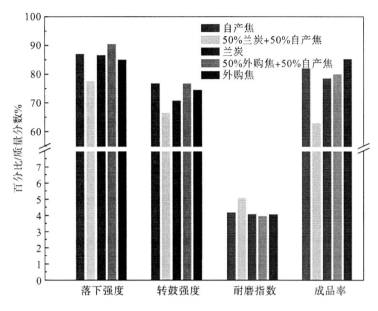

图 9.5　烧结矿强度指标与燃料种类的关系

　　燃料的粒度是决定燃烧速率的另一重要因素。粒度小的燃料燃烧速度快,料层温度上升速度快,下降速度也快。适宜的料层升温曲线既要有较高的料层温度(>1250℃),又要有较长的保温时间(>2min)。一般说来,合适的燃料具有合理的粒度区间,国内钢铁企业普遍采用以 1~3mm 粒度的焦粉为主的燃料构成。粒度小于 1mm 的燃料用量的增加会提高垂直烧结速度,降低料层在高温段的停留时间;但适当的小粒度燃料能够通过制粒工序进入铁矿石的准颗粒中,对于提高准颗粒内部的反应温度会有积极作用。

　　随着全球变暖趋势日益显著,CO_2 减排的要求已提上日程,我国随即提出了"碳达峰、碳中和"的近期和远期目标,富氢气体在烧结料面的喷吹成为研究热点。20 世纪 90 年代末,日本就曾研究过天然气或者焦炉煤气在烧结中的喷吹技术。梅山钢铁(2014 年)、马鞍山钢铁(2019 年)及韶关钢铁(2018 年)也都做过工业实验,研究发现采用富氢气体可以在一定程度上减少烧结的固体燃料比,相应的烧结烟气中的 SO_x 和 NO_x 都有不同程度的减少。但是,烧结过程需要的温度要求燃料在原位燃烧,而喷吹气体会在烧结料层的上部,即烧结矿层,与空气发生燃烧而释放热量,进而通过气体介质的传热作用间接作用于下部料层。因此,料面喷吹对于减少固体燃料的消耗应该有其上限。并且,目前钢铁企业普遍采用厚料层烧结工艺,过多的富氢气体喷吹会使得过湿层厚度剧烈增加,导致烧结后期透气性变差,反而会恶化烧结矿质量。

　　生物质燃料是近 20 年来新兴的取代化石能源的碳质燃料,它可以从来源广泛的林木、农作物等植物中获得。生物质经过加工可获得类似木炭的燃料,其具有杂质元素少、挥发分少、燃烧快等特点。国内外对生物质燃料在铁矿石烧结中的应用开展了广泛的研究,结果表明生物质燃料部分取代焦粉可以提高料层温度和垂直烧结速度，减少 NO_x 和 SO_x 排放。但是如前所述，生物质燃料燃烧快，无法与焦粉的燃烧同步，因此随着取代焦粉量的增加，烧结矿质量呈下降的趋势。

9.3 配 矿

烧结矿生产的核心就是合理的配矿，尤其是国内钢铁企业所普遍面临的吃"百家矿"的局面。简单的配矿就是根据高炉冶炼造渣的需要生产碱度合适的烧结矿。随着矿石价格的频繁波动，以成本最低为目标、碱度等其他化学成分为约束的优化选择矿物成为配矿过渡阶段；随着烧结技术人员对不同化学成分对烧结矿质量影响认识的深入，结合烧结矿在烧结与高炉炼铁流程中的行为，建立基于全流程铁矿石评价体系的配矿成为当前研究的重点与难点。化学成分对烧结工艺技术经济指标的影响关系异常复杂。首先，化学成分只是不同铁矿的表象，铁矿石中的物相才是决定烧结过程的直接因素。然而钢铁企业目前不具备对铁矿石中的脉石进行快速和精确的物相定量分析的能力，化学成分仍然具有其实用性和方便性。其次，物相对于烧结矿质量的影响规律也缺乏系统性和可量化性，因此采用工业大数据或者建立可信的烧结样本数据库，建立基于化学成分的烧结矿性能预测模型具有科学研究意义和实际应用价值。前述章节对铁酸钙与不同脉石成分的润湿与溶解行为进行了系统研究，揭示了烧结过程液相与固相的作用行为，为本章深入理解不同化学成分对烧结的影响提供了支撑。

不同化学成分对烧结矿强度及成品率的影响如图 9.6～图 9.9[10-31] 所示。随着混匀矿中 Al_2O_3 含量增加，绝大多数文献的结果较为一致，即烧结矿的转鼓强度呈现下降的趋势。随着 Al_2O_3 含量增加，烧结混合料中 SiO_2 含量相对减少，尽管二者在铁酸钙中的溶解度都较大，但是 Al_2O_3 溶解速率相对较慢，导致液相量减少，烧结矿强度变差。与之相对应，如图 9.7 所示，绝大多数实验结果都表明烧结矿的强度随 SiO_2 含量的增加整体上呈现上升的趋势。但脉石成分升高必然意味着铁品位的下降，行业中大多数企业认为

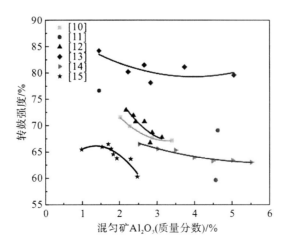

图 9.6 混匀矿 Al_2O_3 含量对烧结矿强度指标的影响规律

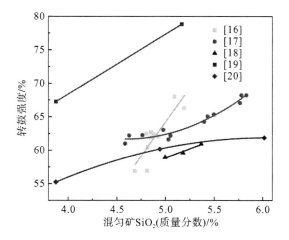

图 9.7　混匀矿 SiO_2 含量对烧结矿强度指标的影响规律

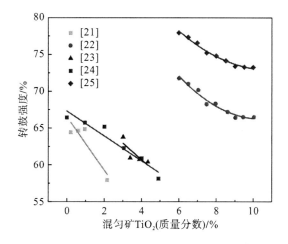

图 9.8　混匀矿 TiO_2 含量对烧结矿强度指标的影响规律

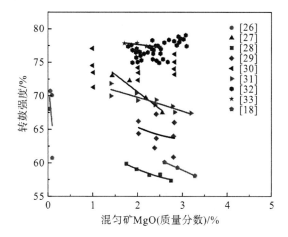

图 9.9　混匀矿 MgO 含量对烧结矿强度指标的影响规律

烧结矿中 SiO_2 含量超过 6%~7% 会导致烧结矿强度下降,但是这个结论尚未得到严格的实验证实。国内很多钢铁企业在高炉冶炼中采用钒钛矿护炉技术,烧结工艺中 TiO_2 与 CaO 反应产生 $CaTiO_3$ 比 Fe_2O_3 与 CaO 反应产生 $CaFe_2O_4$ 更具热力学优势,二者存在竞争反应,导致铁酸钙的产生受到抑制,烧结矿强度恶化,如图 9.8 所示。图 9.9 表明添加 MgO 对于烧结矿强度的提高也是不利的,由于 MgO 在铁酸钙中的溶解度较低,非常容易导致 $MgFe_2O_4$ 新相在固体颗粒表面析出,阻碍同化过程的进行,容易形成薄壁结构,最终导致烧结矿强度下降。

9.4　透　气　性

烧结料层的透气性影响烧结过程中燃料的燃烧行为,进而影响烧结料层的热制度及液相的产生。尤其在厚料层烧结工艺中,透气性对烧结技术经济指标和烧结矿质量影响显著。透气性的改善是通过制粒工序来实现的。制粒是烧结生产的前序环节,即铁矿粉、燃料、熔剂、返矿等原料混合后,在水的润湿作用下进行造粒长大的过程。制粒过程一般以粗大矿石颗粒或返矿为形核颗粒(粒度大于 0.7mm),在水的作用下粒度较小的颗粒(粒度小于 0.2mm,一般称为黏附粒子)黏附在形核颗粒表面形成较大颗粒[32],这些颗粒继续在外力作用下不断碰撞促进颗粒长大至合理的粒径范围,其原理如图 9.10 所示。由于制粒获得准颗粒的粒度分布直接影响烧结料层透气性,进而影响烧结速度,并且混合料中化学成分和燃料分布的均匀性直接影响燃烧进程,进而影响烧结矿质量,因此制粒过程对于整个烧结工序至关重要。

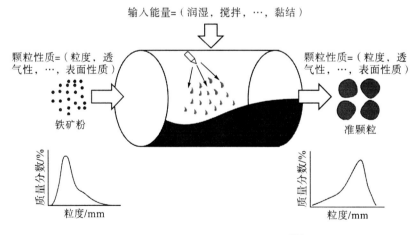

图 9.10　烧结制粒过程原理示意图[33]

铁矿石制粒是受多因素共同影响的复杂的物理过程。为了得到制粒效果良好的混合料,需要明确不同影响因素对制粒效果的影响。作者通过自己的研究工作和对前人研究工作进行的总结,获得了铁矿石表面性质、制粒过程中的水分、制粒设备转动速度、制粒时间等参数对制粒效果的影响规律。

9.4.1　水分的影响

水分是影响烧结原料制粒、烧结的重要因素。雾化后的水滴首先在混合料表面形成液膜，颗粒接触时液膜会融合形成液桥，从而产生毛细力促进颗粒的黏结。当水分不足时，混合料中的小颗粒难以有效聚结长大，导致料层透气性下降。但是当水分过量时，混合料会聚结形成较大的畸形团聚体，并且水分被挤压至准颗粒表面形成"过湿"现象，反而导致透气性降低。因此，通过调整合适的配水量来调整准颗粒的粒度分布进而改善烧结料层的透气性显得尤为重要。

学者对制粒的最佳含水量进行了大量的研究[34-38]。笔者提出了湿容量(m_c)的概念[34]，即单位质量的矿物在自然堆积状态下所能保持的最大含水量(M_w)与矿物干料质量(M_f)的比值，并开发了测试装置。通过大量铁矿粉湿容量的测试实验，得到了湿容量与矿石外表面积S_{cal}和孔隙体积V_{pore}的关系[39]：

$$m_c = 38.6 + \rho_w \cdot c \cdot S_{cal} + \rho_w \cdot V_{pore} - 54.8 R_\rho \tag{9.1}$$

式中，$c = 2.2 \times 10^{-4}$ cm；R_ρ 为矿物堆密度与真密度的比值；ρ_w 为水的密度，g/cm³；S_{cal}、V_{pore} 的单位分别为 cm²/100g、cm³/100g。

此外，研究结果表明，湿容量与铁矿粉最佳配水量具有很好的线性关系(图9.11)。随着湿容量增加，料层达到最佳透气性时所需的最佳配水量增大。综合图中不同类型的矿物条件，湿容量与最佳配水量的关系可表示为

$$W = a \times m_c + b \tag{9.2}$$

其中，a 和 b 的取值与矿石类型及性质相关。

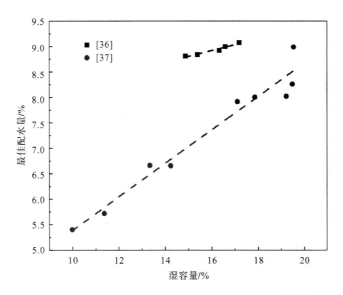

图9.11　不同铁矿粉湿容量与最佳配水量的关系[34, 35]

此外，Khosa 等[40]分析了不同类型的赤铁矿、高铝铁矿，并提出了基于矿石性质、成分和粒度的最佳配水量的计算公式：

$$W = 2.28 + 0.427 \times L + 0.810 \times A - 0.339 \times S + 0.104 \times d_{-0.15mm} + 0.0359 \times I \qquad (9.3)$$

式中，L 为铁矿石的烧损；A 和 S 分别为铁矿石中铝和硅的质量分数；$d_{-0.15mm}$ 和 I 分别为粒度小于 0.15mm 和粒度为 0.1～1mm 颗粒的质量分数。

　　进一步研究不同类型铁矿石的最佳配水量与料层透气性的关系，如图 9.12(a)所示。结果表明，结构致密的赤铁矿制粒所需水分较少，而结构疏松的褐铁矿所需水分较多，并且料层透气性均随水分的增加先升高后降低。Mao 等[41]也针对不同类型铁矿石的最佳配水量与料层透气性的关系进行了研究，实验结果证实了 KhoSa 等的相关结论。

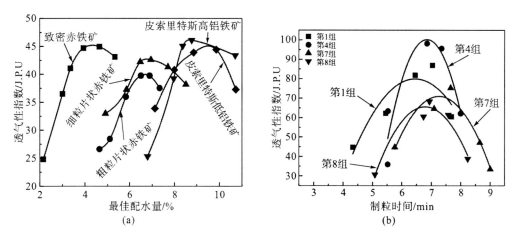

图 9.12　不同铁矿粉透气性与最佳配水量和制粒时间的关系[42, 43]

9.4.2　搅拌动能的影响

　　圆筒制粒机是铁矿石烧结制粒最常用的设备。近年来，强力混合制粒和高剪切制粒也逐渐被用于铁矿石制粒。由于制粒设备的不同，其对混合料颗粒运动的驱动力及方式也有所不同。对圆筒制粒而言，随着圆筒转速的增加，混合料颗粒的运动从在圆筒底部的滑动变化至翻滚及圆筒顶部的瀑落运动，颗粒之间的碰撞频率及碰撞能量均增加[42]，促进了颗粒的聚结长大。准颗粒平均粒度及料层透气性均随转速的提高而逐渐增大，如图 9.13 所示。但是当转速过大时，物料颗粒平均粒度和透气性反而略有减小。圆筒转速超过某一临界值时，制粒效率和准颗粒小球的均匀程度降低，主要是因为当圆筒转速增加到某一临界值时，混合料在圆筒上部抛出并回转到下部料层表面，不产生制粒所需的滚动，不利于小颗粒的长大。同时圆筒转速过快使得颗粒间剧烈碰撞，导致已经长大的颗粒发生破碎，物料颗粒的平均粒度及均匀性指数降低。料层透气性与准颗粒粒度及均匀性指数密切相关，平均粒度和均匀性指数降低后，较多的小颗粒存在于大颗粒之间的空隙中，使得堆积密度升高，因而透气性降低。

　　强力混合制粒是采用立式强力混合机取代预混圆筒，先将混合料进行预混和润湿，再将混合料加至圆筒中进行制粒。在圆筒大负荷、高比例精矿制粒时，该方法可降低水分在圆筒内的不均匀分布程度。

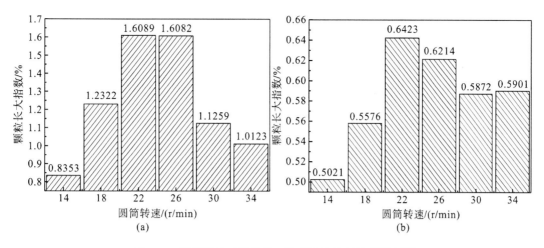

图 9.13　圆筒转速对低钛型钒钛磁铁精粉制粒的影响[43]

9.4.3　制粒时间的影响

制粒过程中颗粒需要一定的时间才能完成混合，并聚结长大为目标粒度的准颗粒，制粒时间直接影响实际的生产效率。Ennis 等[44]通过动力学理论研究，发现由于小颗粒对应的斯坦顿数(St)较小，因而在制粒过程中会优先聚集在大颗粒表面。Mackaplow 等[45-47]研究制粒时间对颗粒粒径分布的影响时，发现随着制粒时间的增加，大颗粒的占比增大，小颗粒的占比减小，而中间颗粒的占比变化不明显。石玥等[48]研究了圆筒制粒时间对制粒效果的影响，发现随着制粒时间的增加，准颗粒中大于 3mm 粒级占比、颗粒强度及料层透气性指数均增加，当制粒时间超过 5min 后，上述参数基本维持在一个稳定水平。这主要是因为在物料基本完成制粒后，进一步延长制粒时间，虽有小颗粒继续长大，但也有部分准颗粒在冲击和碰撞下发生破损。当聚结和破损程度相当时，制粒在整体上达到动态平衡。因此，实际生产时应根据需求合理选择制粒时间，避免能量浪费并提高生产效率。

9.4.4　铁矿石原料特性的影响

铁矿石的原料特性主要包括粒度组成、表面性质、颗粒形貌及密度等，由于铁矿石类型的不同，其原料特性对制粒效果的影响显著。研究者认为大于 0.7mm 的颗粒常作为形核颗粒，小于 0.2mm 的颗粒一般作为黏附颗粒。0.2~0.7mm 的中间颗粒，既不是形核颗粒，也难以作为黏附颗粒，因此建议在保持适当比例的形核颗粒和黏附颗粒的情况下，应尽量降低中间颗粒的比例[32]。铁矿粉的表面性质主要包括表面形貌和润湿性，由于矿石类型不同，其表面性质差异也较为显著。磁铁矿颗粒的表面通常比较规则、光滑；赤铁矿颗粒表面较为致密，颗粒形状可以很复杂，也可能比较规则；褐铁矿颗粒表面粗糙多孔，外形也不规则。一般情况下，光滑的、球形的颗粒相较粗糙的、不规则的颗粒而言，黏结难度更大[49,50]。此外，由于褐铁矿表面疏松多孔，它可以吸收更多的水分到颗粒内部，褐铁矿配比达到 40%以上时，混合料水分需要增加 0.2%~0.4%。

矿粉颗粒的微观孔洞结构可以采用液氮吸附测试技术进行研究。Mao 等[41]通过液氮吸附测量的矿石比表面积(S_{BET})与计算得到的铁矿石比表面积(S_{LS})之比(S_{BET}/S_{LS})来表征铁矿石的表面粗糙度和形状。以拟合线的斜率 k 来表征铁矿石制粒性能[51]，发现减小接触角 θ，增大 S_{BET}/S_{LS} 比值，铁矿粉的制粒性能变好。

$$k = 16.443 - 0.277 \times \theta + 0.058 \times (S_{BET}/S_{LS}) \tag{9.4}$$

Maeda 等[38]也研究了矿石的润湿性对矿石制粒性能的影响，结果表明当使用润湿性高的铁矿石作为形核颗粒时，在任意情况下都可以制粒。当使用润湿性较低的铁矿石作为形核颗粒时，仍有部分铁矿颗粒未充分参与制粒。铁矿石颗粒的润湿性通常用铁矿石颗粒和水滴之间的接触角表征。润湿性较好的铁矿石，铁矿石颗粒与水之间的接触角较小，也就是具有亲水性，水分可以均匀地扩散到矿石颗粒表面，有利于颗粒的形核和黏附周围小颗粒进而聚结长大。而水分在润湿性差的颗粒表面分布不均匀，颗粒间的黏附相对困难，不利于颗粒的聚结长大。因此，当采用润湿性较低的铁矿石作为形核颗粒时，为了改善细粒的制粒性能，有必要增加水分的添加量。研究表明，铁矿石的制粒性及准颗粒平均粒度与比表面积呈负相关，但是准颗粒强度与比表面积呈正相关。

9.5　结　　语

实际烧结工艺是极其复杂的物理化学反应过程。由于受到原料性质波动的影响，理想的均质化生产是难以实现的。实际生产往往受成本制约，大多数情况下是对烧结过程进行经验式的预测，即通过简单的分析和表征，如测试铁矿石的化学成分和粒度组成，实现对烧结矿质量的预测和优化配矿。这种做法大多数情况下是一种经验式的预测。未来在深入掌握烧结过程液相产生和结晶机理的基础上，建立烧结工艺数学模型，结合工业生产大数据分析，实现对烧结矿性能的预测，这将成为研究重点和热点。

参 考 文 献

[1] 李秀, 李杰, 张玉柱, 等. 不同碱度对钒钛烧结矿质量的影响. 矿产综合利用, 2017(5): 115-118.

[2] 李乾坤, 杨大兵, 华绪钦, 等. 提高烧结矿转鼓强度试验. 矿产综合利用, 2017(2): 113-116.

[3] 李乾坤. 影响武钢烧结矿质量的工艺因素试验研究. 武汉: 武汉科技大学, 2017.

[4] 夏志坚. 杭钢超高碱度烧结矿的生产. 烧结球团, 2005, 30(5): 35-38.

[5] 林文康, 胡鹏. TiO₂含量和碱度水平对钒钛烧结矿成矿规律的影响研究. 钢铁钒钛, 2020, 41(2): 94-100.

[6] Yu Z W, Li G H, Jiang T, et al. Effect of basicity on titanomagnetite concentrate sintering. ISIJ International, 2015, 55(4): 907-909.

[7] 刘征建, 李思达, 张建良, 等. 国内超高碱度烧结矿生产实践及发展趋势. 钢铁, 2022, 57(1): 39-47.

[8] 王跃飞, 吴胜利, 韩宏亮. 高褐铁矿配比下提高烧结矿产质量指标. 北京科技大学学报, 2010, 32(3): 292-297.

[9] 支建明, 马朋飞, 张治杰, 等. 烧结矿转鼓强度的优化研究. 华北理工大学学报(自然科学版), 2021, 43(1): 1-8.

[10] Kalenga M K, Garbers-Craig C. Investigation into how the magnesia, silica, and alumina contents of iron ore sinter influence its mineralogy and properties. Journal of the Southern African Institute of Mining and Metallurgy, 2010, 110(8): 447-456.

[11] Nagaoka T, Yasuoka M, Hirao K, et al. Effects of CaO addition on sintering and mechanical properties of Al₂O₃. Journal of

Materials Science Letters, 1996, 15(20): 1815-1817.

[12] Chen J M, Wang H P, Feng S Q, et al. Effects of CaSiO₃ addition on sintering behavior and microwave dielectric properties of Al₂O₃ ceramics. Ceramics International, 2011, 37(3): 989-993.

[13] 丁矩, 尹桂先. Al₂O₃ 含量对烧结矿产、质量的影响. 烧结球团, 1987, (6): 32-40.

[14] 甘勤, 何群, 黎建明, 等. Al₂O₃ 在钒钛烧结矿中的行为研究. 钢铁, 2003, 38(1): 1-4.

[15] 胡林. Al₂O₃、SiO₂ 对铁矿烧结的影响及其机理的研究. 长沙: 中南大学, 2011.

[16] 张铁根, 贺淑珍. 提高烧结矿强度的试验研究. 钢铁研究, 2008, 36(1): 13-16.

[17] 陈子罗, 张建良, 张亚鹏, 等. 烧结矿适宜 SiO₂ 质量分数和碱度. 钢铁, 2016, 51(12): 8-14.

[18] 朱贺民. 烧结矿碱度、SiO₂ 和 MgO 含量对烧结冶金性能的影响. 钢铁研究, 2006, 34(4): 17-20.

[19] 朱亚东, 罗果萍, 王永斌, 等. 提高包钢低硅烧结矿强度的试验研究. 钢铁研究学报, 2010, 22(10): 16-19, 29.

[20] 张玉柱, 客海滨, 邢宏伟, 等. 改善石钢烧结矿质量的试验研究. 甘肃冶金, 2007, 29(1): 4-8.

[21] 刘周利, 白晓光, 李玉柱. TiO₂ 对烧结矿质量的影响研究. 包钢科技, 2020, 46(5): 29-33.

[22] 何木光. w(TiO₂)对高钛钒钛磁铁烧结矿性能的影响. 钢铁, 2016, 51(5): 9-16.

[23] 孙艳芹, 王瑞哲, 吕庆, 等. TiO₂ 质量分数对中钛型烧结矿质量影响的研究. 中国冶金, 2013, 23(10): 6-9+13.

[24] 曾俊, 朱承贵. TiO₂ 含量对烧结矿质量的影响研究[J]. 福建冶金, 2018, 47(2): 37-40.

[25] 甘勤. TiO₂ 含量对高碱度烧结矿性能影响的技术研究与应用. 四川省, 攀钢集团钢铁钒钛股份有限公司, 2010-05-14.

[26] Hsieh L H, Whiteman J A. Effect of raw material composition on the mineral phases in lime-fluxed iron ore sinter. Transactions of the Iron and Steel Institute of Japan, 1993, 33(4): 462-473.

[27] Umadevi T, Nelson K, Mahapatra P C, et al. Influence of magnesia on iron ore sinter properties and productivity. Ironmaking & Steelmaking, 2009, 36(7): 515-520.

[28] 吕庆, 李福民, 王文山, 等. w(MgO)对含钒、钛烧结矿强度和烧结过程的影响. 钢铁研究, 2007, 35(1): 5-8.

[29] 王天雄, 白晨光, 吕学伟, 等. MgO 对烧结的影响研究. 第十一届中国钢铁年会论文集. 北京: 冶金工业出版社, 2017: 547-553.

[30] Yadav U S, Pandey B D, Das B K, et al. Influence of magnesia on sintering characteristics of iron ore. Ironmaking & Steelmaking, 2002, 29(2): 91-95.

[31] 周春江, 刘其敏. 邯钢提高烧结矿中 MgO 含量的实践. 烧结球团, 2005, 30(6): 37-40.

[32] Fernandez-Gonzalez D, Ruiz-Bustinza I, Mochon J, et al. Iron ore sintering: raw materials and granulation. Mineral Processing and Extractive Metallurgy Review, 2017, 38(1): 36-46.

[33] Iveson S M, Litster J D, Hapgood K, et al. Nucleation, growth and breakage phenomena in agitated wet granulation processes: a review. Powder Technology, 2001, 117(1-2): 3-39.

[34] LV X W, Bai C G, Qiu G B, et al. Moisture capacity: definition, measurement, and application in determining the optimal water content in granulating. ISIJ International, 2010, 50(5): 695-701.

[35] LV X W, Bai C G, Zhou C Q, et al. New method to determine optimum water content for iron ore granulation. Ironmaking & Steelmaking, 2010, 37(6): 407-413.

[36] Iveson S, Holt S, Biggs S. Advancing contact angle of iron ores as a function of their hematite and goethite content: implications for pelletizing and sintering. International Journal of Mineral Processing, 2004, 74(1-4): 281-287.

[37] Wu S L and Zhang G L. Liquid absorbability of iron ores and large limonite particles divided adding technology in the sintering process. steel research international, 2015, 86(9): 1014-1021.

［38］Maeda T, Fukumoto C, Matsumura T, et al. Effect of adding moisture and wettability on granulation of iron ore. ISIJ International, 2005, 45(4): 477-484.

［39］LV X W, Yuan Q G, Bai C G, et al. A phenomenological description of moisture capacity of iron ores. Particuology, 2012, 10(6): 692-698.

［40］Khosa J and Manuel J. Predicting granulating behavior of iron ores based on size distribution and composition. ISIJ International, 2007, 47(7): 965-972.

［41］Mao H X, Zhang R D, LV X W, et al. Effect of surface properties of iron ores on their granulation behavior. ISIJ International, 2013, 53(9): 1491-1496.

［42］Kano J, Kasai E, Saito F, et al. Numerical simulation model for granulation kinetics of iron ores. ISIJ International, 2005, 45(4): 500-505.

［43］刘东辉, 张建良, 刘征建, 等. 工艺参数对低钛型钒钛磁铁精粉烧结制粒的影响. 烧结球团, 2018, 43(3): 6-12.

［44］Ennis B J, Tardos G, Pfeffer R. A microlevel-based characterization of granulation phenomena. Powder Technology, 1991, 65(1-3): 257-272.

［45］Mackaplow M B, Rosen L A, Michaels J N. Effect of primary particle size on granule growth and endpoint determination in high-shear wet granulation. Powder Technology, 2000, 108(1): 32-45.

［46］Bock, K T, and Kraas U. Experience with the diocesan mini-granulator and assessment of process scalability. European Journal of Pharmaceutics and Biopharmaceutics, 2001, 52(3): 297-303.

［47］Dries V D, K, and Vromans H. Relationship between inhomogeneity phenomena and granule growth mechanisms in a high-shear mixer. International Journal of Pharmaceutics, 2002, 247(1-2): 167-177.

［48］石玥, 潘建, 朱德庆, 等. 圆筒混合机制粒性能优化研究. 烧结球团, 2019, 44(4): 1-6, 17.

［49］Khosa J and Manuel J. Predicting granulating behavior of iron ores based on size distribution and composition. ISIJ International, 2007, 47(7): 965-972.

［50］Kawachi S and Kasama S. Quantitative effect of micro-particles in iron ore on the optimum granulation moisture. ISIJ International, 2009, 49(5): 637-644.

［51］LV X W, Huang X B, Yin J Q, et al. Indication of the measurement of surface area on iron ore granulation. ISIJ international, 2011, 51(9): 1432-1438.